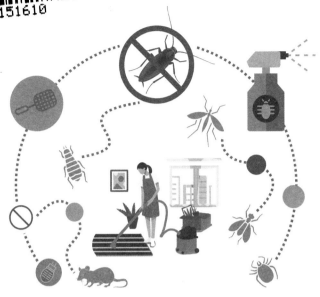

家庭常见有害生物防治手册

主　编　胡雅劼

副主编　余技钢　李玲玲

参　编　（以姓氏笔画为序）

李观翠　张　伟

赵琼瑶　黄　进

刘　鹃　刘朝发

四川大学出版社

SICHUAN UNIVERSITY PRESS

项目策划：许　奕
责任编辑：张　澄
责任校对：刘柳序
封面设计：璞信文化
责任印制：王　炜

图书在版编目（CIP）数据

家庭常见有害生物防治手册 / 胡雅劼主编． — 成都：
四川大学出版社，2022.3
　（有害生物防治科普丛书）
　ISBN 978-7-5690-5400-2

　Ⅰ．①家… Ⅱ．①胡… Ⅲ．①家庭－有害物质－防治
－手册 Ⅳ．① TS975.7-62

中国版本图书馆 CIP 数据核字（2022）第 045866 号

书名　　家庭常见有害生物防治手册
　　　　JIATING CHANGJIAN YOUHAI SHENGWU FANGZHI SHOUCE

主　　编　胡雅劼
出　　版　四川大学出版社
地　　址　成都市一环路南一段 24 号（610065）
发　　行　四川大学出版社
书　　号　ISBN 978-7-5690-5400-2
印前制作　四川胜翔数码印务设计有限公司
印　　刷　四川盛图彩色印刷有限公司
成品尺寸　146mm×208mm
印　　张　3.125
字　　数　78 千字
版　　次　2022 年 4 月第 1 版
印　　次　2022 年 6 月第 2 次印刷
定　　价　32.00 元

◆ 读者邮购本书，请与本社发行科联系。
　电话：(028)85408408/(028)85401670/
　(028)86408023　邮政编码：610065
◆ 本社图书如有印装质量问题，请寄回出版社调换。
◆ 网址：http://press.scu.edu.cn

四川大学出版社
微信公众号

作者简介

胡雅劼，女，副研究员，四川大学华西公共卫生学院MPH硕士，就职于四川省疾控中心，长期从事病媒生物研究与控制工作，任全国鼠类及体表外寄生虫研究学组成员、四川省预防医学会媒介生物控制分会副主任委员、四川省重点实验室成员、《中国媒介生物学及控制杂志》和《中华卫生杀虫药械》编委。

　　余技钢，男，助理研究员，就职于四川省疾病预防控制中心，主要从事病媒生物研究与控制工作。

　　李玲玲，女，硕士研究生，工程师，就职于四川省疾病预防控制中心，主要从事病媒生物监测和防制工作。

　　刘鹃，女，副主任医师，内江市疾病预防控制中心媒介生物控制科科长，长期从事病媒生物研究与控制工作。

刘朝发，男，硕士研究生，主管医师，就职于成都市龙泉驿区疾病预防控制中心卫生科，从事病媒生物研究与控制工作。

李观翠，女，副主任技师，就职于四川省疾病预防控制中心，主要从事病媒生物防治研究工作。

张伟，男，助理研究员，就职于成都市疾病预防控制中心消毒与媒介生物控制科，长期从事病媒生物研究与控制工作。

赵琼瑶，女，硕士研究生，现就职于广元市疾病预防控制中心，从事病媒生物监测和防治工作。

黄进，男，兽医师，就职于攀枝花市疾病预防控制中心，从事动物鼠疫流行病学、媒介生物防治工作。任四川省预防医学会媒介生物控制分会委员。

前　言

　　我们在工作中，经常会接到许多市民的咨询电话。他们有的在家中被蚊虫、跳蚤叮咬，无法正常生活和休息；有的家具、电器被老鼠或蟑螂破坏，造成经济损失；有的外出被蜱虫、蠓虫袭击，痛痒难忍，甚至可能感染虫媒传染病。他们期望获得对这些有害生物最简单、有效的防治方法。过去，人们常把"四害"（蚊虫、苍蝇、老鼠和蟑螂）作为主要的有害生物进行防治。随着人们生活水平的提高、食物来源的多样化以及活动范围的扩大，接触的有害生物早已不局限于"四害"，而且接触频率也越来越高。于是笔者萌生了组织专业人员编写《家庭常见有害生物防治手册》的想法，用专业的理论知识，以科普的手法，介绍人们在生活、生产中的常见有害生物及其防治手段。期望广大读者在日常生活中能认识它们、了解它们、防治它们，以达到美化生活环境、提高生活质量的目的。

　　本书分为九章，分别从蚊虫、苍蝇、老鼠、蟑螂、蜱虫、螨虫、跳蚤、蠓和臭虫的生物学、生态习性、常见种类识别、危害和具体防治措施等方面出发，结合大家最感兴趣的问题，用易于理解的语言，普及这些有害生物的防治知识，提出家庭防虫、防鼠的建议。

值得注意的是，有些生物之所以被称为"有害生物"，是人类出于对自身利益的考虑，其实地球上每一种生物都在保持和谐的生态环境和维持食物链方面发挥着重要的作用，我们需要做的只是在生活环境中将它们的数量和活动范围控制在不足为害的水平，没有必要也不能将它们灭绝。

由于笔者在编写本书时还要着力于新冠肺炎疫情的防控工作，加之时间仓促、水平有限，难免出现错误和疏漏，敬请广大读者包涵、指正。

胡雅劼

2022年1月

目 录

第一章　我们身边的蚊虫 ………………………………… 001

第二章　关于苍蝇，你想知道的 ………………………… 011

第三章　生活中的老鼠 …………………………………… 023

第四章　蟑螂的防治 ……………………………………… 032

第五章　小小蜱虫 ………………………………………… 044

第六章　家庭螨虫防治 …………………………………… 053

第七章　走进病媒生物——跳蚤 ………………………… 061

第八章　"墨墨蚊"——蠓 ……………………………… 071

第九章　臭虫的危害及防治 ……………………………… 080

第一章　我们身边的蚊虫

蚊虫是人们熟悉的昆虫，我国唐代诗人白居易所作诗词《蚊蟆》提道："巴徼炎毒早，二月蚊蟆生。咂肤拂不去，绕耳薨薨声。斯物颇微细，中人初甚轻。如有肤受谮，久则疮痏成。"古人对蚊虫的生活习性和危害已经有了比较细致的观察。

一、蚊虫的生物学和生态学特征

蚊虫的个体虽小，但种类繁多，全世界已有记录的蚊虫超过3000种，我国已知的蚊虫达360余种，隶属3亚科18属。蚊虫是完全变态昆虫，一生经过卵、幼虫、蛹和成蚊四个阶段，这个过程包括了水中和陆生两个明显不同的时期：蚊虫的卵在水中孵化，幼虫和蛹也在水中生长发育，而成蚊在陆上生活。

雌蚊产卵的行为、方式、场所及数量等因蚊虫种类不同而不同，但它们都只有在水中才能孵化。有些种类，如伊蚊，它的卵具有抗旱耐寒的能力，因而可以越冬或度过旱季。

从卵孵出的幼虫，经过3次蜕皮后才能达到成熟的四龄幼虫。在这个过程中随着体型的长大，各种器官也有变化。蚊幼虫虽然生活在水中，但是可以通过身体上的气门或呼吸管来呼吸空气。

四龄幼虫蜕皮后就会化蛹，这时蛹不再进食，但仍然能迅速游动，躲避天敌，靠头部的呼吸角直接呼吸空气。在适当的环境条件下，蛹经过1～2天就能羽化为成蚊，从此开始陆地生活（图1）。

图1 蚊虫不同形态

蚊虫种类以及环境条件不同，完成一个生活史的周期不同。对于同一种蚊虫来说，主要受温度、营养等条件的影响。夏天是蚊虫生长繁殖的高峰期，多数蚊虫完成一个生活史需要一周左右。成虫通过两性交配才能繁殖，群舞是蚊虫交配的前奏。在春夏的户外，我们经常可以看到一群昆虫在头顶飞舞，其实就是包括蚊虫在内的很多昆虫交配前的群舞行为。群舞以雄蚊为主体，雌蚊零星掺入，配对后即飞离舞群进行交配。通常在交配后，雌蚊为了使卵巢发育利于产卵便会吸血。比如按蚊，在吸血时，卵巢也随着胃血的消化而发育，当胃血消化完时，卵巢也发育成熟，这种发育方式叫作生殖营养节律。雄蚊一般不吸血，以花蜜、植物汁液为食，而雌蚊也可以花蜜和植物汁液为食。因此，平常叮咬人们的蚊虫，都是雌蚊，其目的在于繁殖后代。

蚊虫的分布主要受气候影响。如库蚊在北方全年只有一个高峰，但在我国南方温暖地区，如广东、广西、海南、福建等地可全年繁殖，在四川、浙江等地冬季不能繁殖但是可以越冬。当冬季气温大幅下降时，蚊虫的生长发育受到抑制而停止，雌蚊蛰伏在住房的床下、衣柜背面、冰箱背后等隐蔽、温暖的地方，当气温升高后再飞出吸血。

二、常见的蚊虫种类

图2 库 蚊

库蚊（图2）是家庭中常见的一种蚊虫，一般是褐色的中型蚊虫，翅膀没有黑白斑点，各足部也没有淡色纵条。它们喜欢吸人血，但也兼吸动物血。雌蚊在晚上人们睡觉时进入室内吸血，吸完血后多栖息在室内阴暗处。

南方常见的库蚊中，优势种类有致倦库蚊、三带喙库蚊和二带喙库蚊。致倦库蚊在家中最为常见，为昼伏夜出型蚊种，通常在夜晚人们入睡后前来叮咬和骚扰。三带喙库蚊和二带喙库蚊喜欢吸食动物血液，容易在猪圈、牛圈中找到。库蚊一般在4至5月出现，6至8月为高峰期，10月后密度降低，逐渐消失，进入越冬阶段。

伊蚊，俗称"花蚊子"，是一种黑色的小型蚊种，背面和各足部常有白斑。我国伊蚊的优势种类有白纹伊蚊、埃及伊蚊和刺扰伊蚊等。它们常在白天活动，叮咬人十分凶猛，严重时甚至影响生产作业。特别是白纹伊蚊，常在白天追袭人群，因此又有"亚洲虎蚊"的别称。

白纹伊蚊最初生长在东南亚地区，因其卵可以越冬或度过旱季，便随着贸易活动散布到世界各地。南方地区的白纹伊蚊一般在6月出现，7至9月为高峰期，10月后突然消失，进入越冬阶段。

按蚊为灰褐色中型蚊虫，其腹部一般呈深褐色，没有明显的斑纹或鳞片，翅膀上多有黑白斑，停落时其身体常常与物体表面成锐角，故可与其他蚊种明显区分开来。按蚊白天在室外或畜舍栖息，晚上进入居室叮咬吸血。

中华按蚊和嗜人按蚊为四川省优势种类，属于野栖型蚊种。它们的吸血活动始于日落后1小时，活动高峰在午夜前后。

伊蚊和按蚊见图3。

伊蚊　　　　　　　　　　按蚊

图3　伊蚊和按蚊

不同种类的蚊虫幼虫的生活环境不同，例如库蚊主要孳生于人居地附近污浊的水体中，如居住区雨水井、城市下水道、建筑工地积水中等；伊蚊则喜欢孳生在小型容器清水中，如家庭花园的缸、罐、坛、盆、竹筒、盆景，还有学校、废品收购站的废旧轮胎积水中；按蚊多孳生于有遮阴、清澈的水体中，如稻田、水渠、苇塘中，因此在郊区和农村很常见（图4～图6）。

图4　库蚊孳生场所

图5　伊蚊孳生场所

图6　按蚊孳生场所

三、蚊虫的危害

蚊虫是"四害"之一，可以叮咬人畜吸血，骚扰人们工作和休息，更严重的是作为媒介传播多种病原体，威胁人类健康。在蚊虫传播病原体的过程中，病原体必须在其体内发育或者繁殖至感染阶段后才具有感染力，这种传播方式叫作生物性传播。

蚊虫传播的疾病主要有三类：疟疾、淋巴丝虫病和虫媒病毒病。根据世界卫生组织的研究和统计，全球每年有10多亿人感染虫媒传染病，100多万人因此死亡。目前，随着全球气温的升高、对外贸易领域的扩大、人员往来的日益频繁，虫媒传染病进一步传播到世界各地，造成这些疾病发病率的升高和流行区域的扩大。一些我国以前没有的疾病，如黄热病、寨卡病毒病、西尼罗病毒病、裂谷热等开始出现，这无疑是一种警示。

疟疾，俗称"打摆子"，因其主要症状为寒战、发热、出汗而得名。疟疾是由疟原虫寄生人体而导致的传染病，也是目前在全球能导致死亡的主要蚊媒传染病。疟疾患者及无症状感染者是本病的传染源。传播媒介在非洲的撒哈拉沙漠地区主要是冈比亚按蚊，在非洲其他地区为阿拉伯按蚊，而在我国有中华按蚊、嗜人按蚊、微小按蚊和大劣按蚊等。过去，疟疾是我国流行历史很长、影响范围很广、危害严重的传染病之一。在新中国成立前，每年约有3000万疟疾患者，其中有30万人死亡，病死率高达1%。新中国成立后，国家建立了科学精准的疟疾防控策略和灵敏高效的报告、检测、治疗、监测和应急处置系统，具备了防止疟疾输入再传播的能力。同时我国研制了青蒿素等抗疟特效药，将疟疾本土原发病例从每年3000万例降低至0，维护了人民群众的身体健康和生命安全。2021年6月30日，世界卫生组织宣布中国通过了消除疟疾认证，标志着疟疾在中国肆虐数千年历史的结束。但在非洲，尤其是撒哈拉沙漠以南的地区，疟疾仍然是重要的公共卫生问题，由其引起的疾病和死亡率仍占较高比例。

淋巴丝虫病在我国主要是由马来丝虫和班氏丝虫引起的疾病，其临床特征主要是急性的淋巴管炎与淋巴结炎，以及慢性的淋巴管阻塞引起的一系列症状。微丝蚴阳性患者和无症状的带虫者是淋巴丝虫病的传染源。在我国，班氏丝虫病的传播媒介主要为致倦库蚊和淡色库蚊，马来丝虫病的传播媒介有中华按蚊和嗜人按蚊等。2006年中国被世界卫生组织正式确认为世界上第一个完全消除淋巴丝虫病的国家。

登革热是由登革热病毒引起的以发热、肌关节疼痛、淋巴结肿大和皮疹为主要症状的虫媒传染病，在全球主要由埃及伊蚊传播，在我国主要由白纹伊蚊传播。登革热是分布广、发病多、危害大的一类虫媒病毒性疾病。由于没有特效药，患者只能采取降温、补液、止血等对症治疗手段。患者在发病初期症状轻微，只要积极地对症治疗，病情是能得到很好控制的。一般情况下轻症者没有后遗症，能够在相关的治疗下逐渐康复，只有重症患者才有可能死亡。据世界卫生组织统计，登革热每年在全世界约发生1亿例，死亡人数约为2.5万。2014年，我国广东省曾大规模暴发登革热疫情，全年报告病例超4万例。同年，云南、广西、福建、台湾等地也出现了登革热疫情。2019年，四川、重庆等地也发现登革热疫情。登革热患者和隐性感染者是传染源，然后通过伊蚊的叮咬进行传播。当前登革热既没有特效药物治疗手段，也没有特异性疫苗，防蚊、灭蚊成为控制登革热传播的有效手段。

四、家庭如何防治蚊虫？

蚊虫是一种重要的医学昆虫，蚊虫的防治更是公共卫生学的重要组成部分。从不同环境和目的出发，蚊虫防治有着不同的手段。对于家庭而言，做好防蚊设施建设和屋内及周边水体的管理，是最有效的防蚊、灭蚊措施。

门、窗是蚊虫进入家庭的主要途径，安装纱门、纱窗并保持关闭可以防止绝大多数蚊虫的侵入。由于蚊虫的趋光性，它们会朝着有光亮的地方飞去。夏日的夜晚，我们常常会在纱窗和纱门上看到停落在外面的蚊虫，它们在纱窗开启时，迅速进入房内。因此，我们不仅要安装好纱门、纱窗，还要定期检查完好性，不要经常开关纱门、纱窗。进门时先用扇子驱赶纱门外的蚊虫再迅速打开门进入屋内。晚上睡觉时，最好使用蚊帐，这样就能避免夜晚被蚊虫叮咬而影响睡眠。

由于蚊虫的幼虫在水中孳生，室内和房前屋后的积水成为蚊虫的繁殖场所。我们要定期检查屋内、室外阳台以及花园里的积水。首先，要保持室内干净。房间的垃圾要及时清理出去，包括地面、卫生间和厨房的垃圾，特别是在有污水的卫生间和厨房。厨房的下水道、下水管等地方容易藏污纳垢，要定期清洗消毒，不给蚊子的繁殖留下温床。卫生间的污物要每日清运，不留卫生死角。其次，要定期清理阴湿的环境。蚊虫不仅喜欢潮湿的卫生间、厨房，还喜欢我们经常不打扫的地方，比如房间里面阴暗的床底、院子里面阴湿的杂草丛生的地方。这些环境，是蚊子"乘凉"的好去处。因此，我们要定期打扫卫生，保持干净干燥，同时定期清除杂草，防止蚊虫在里面栖息。对于室外无法清除的小型积水，可少量喷洒倍硫磷、双硫磷、辛硫磷等有机磷类杀虫剂。对小区内的喷泉池、假山池等大型水体，可通过养鱼以捕食蚊虫的幼虫，这是一种持续时间长且不污染环境的方法。同时，要清除不用的容器，翻坛倒罐，防止积水。对于水生植物容器、花盆托盘、盆景的积水，要定期更换并及时冲刷容器，从而有效阻断蚊虫的发育，防止蚊虫的孳生。

如果蚊虫已经飞入我们的房间，也不要着急，可以在使用蚊帐防蚊的同时，采用电蚊拍灭蚊，也可适当购买一些灭蚊产品。使用时应先关闭门窗，待人和宠物离开后，再使用电热蚊香液、蚊香片，或在房间阴暗角落喷洒灭蚊剂，等待半小时后，再开门窗通风。使用盘香一定要注意安全，以免发生火灾。

外出时，我们可以穿长袖、长裤来防止被蚊虫叮咬，也可以在皮肤裸露部位涂抹花露水来驱赶蚊虫。在购买花露水时，要注意查看有效成分。只有含有驱蚊有效成分的商品才真正具有驱蚊效果。市售的商品制剂中大都以避蚊胺（DEET）、驱蚊酯、派卡瑞丁等为主要成分。一般来说，驱蚊成分的含量越高，驱蚊效果越好，但不建议2岁以下儿童使用。

五、结束语

总的来说，家庭防蚊虫最重要的措施就是保持环境卫生，清除积水和保证防蚊设施完好。蚊媒传染病有一定的季节流行性和高发性，因此在蚊虫密度高峰期做好媒介生物防治，能有效帮助人们预防相关疾病。

参考文献

［1］陆宝麟等.中国动物志［M］.北京：科学出版社，

1997.

　　［2］汪诚信.有害生物治理［M］.北京：化学工业出版社，2005.

　　［3］唐家琪.自然疫源性疾病［M］.北京：科学出版社，2005.

（胡雅劼）

第二章　关于苍蝇，你想知道的

说到苍蝇，人们的第一反应就是"脏"。它是我们生活中常见的昆虫之一，人见人恶。那么，你对苍蝇到底了解多少呢？

一、苍蝇是什么样的昆虫？

苍蝇是常见的病媒生物，被列入卫生害虫"四害"之一，是与人类关系密切的一种双翅目昆虫。苍蝇家族种类很多，在全世界有超过1500种，在我国已发现的有78属、386种，其中与人类关系密切的"住区蝇类"不超过50种，以家蝇、大头金蝇和丝光绿蝇3种较为常见，因此是我们研究防治的重点对象。

二、苍蝇是从哪里长出来的?

苍蝇的生长繁殖需要孳生物。苍蝇的成虫在孳生物上面产卵,幼虫在其中生长,并摄取其中的有机物质作为营养,完成生长发育过程。腐败动物质类、腐败植物质类、人粪类、禽畜粪类和垃圾类等都可以成为苍蝇的孳生物。通常我们也将存在这些孳生物(图1)的场所称为苍蝇的孳生场所。

图1 苍蝇孳生物

三、苍蝇的一生是怎么样的?

苍蝇的整个生活史(图2)包括卵、幼虫(蛆)、蛹、成虫四个时期,属于完全变态昆虫。

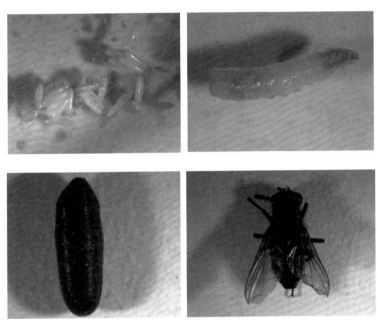

图2 苍蝇的生活史

四、苍蝇的生长繁殖受哪些因素影响?

各类蝇种的发育时间与温度及环境关系密切,如常见的家蝇在16℃时完成整个生活史需要20天,但在30℃时只需10～12天。在我国南方,家蝇每年可繁殖10～12代,北方每年则为7～8代。

五、苍蝇喜欢吃什么?

苍蝇是非常贪食的昆虫,食性很杂,香、甜、酸、臭的均喜欢吃。苍蝇取食时习惯边吃、边吐、边排泄,给食物造成严重的污染。在食物较丰富的情况下,苍蝇每分钟排便4~5次。这是苍蝇容易引起疾病传播的原因之一。

六、苍蝇喜欢在哪些场所活动?

苍蝇的活动受温度、光线、食物等的影响。苍蝇除了喜欢在脏、乱、差的环境中生活,还与其他昆虫一样具有趋光性,不喜欢在黑暗的地方活动,喜欢向光亮处飞。例如家蝇,在温暖的季节里,白天一般在室外或者敞开的菜市场、食品加工厂、走廊、商店等场所活动,当气温超过30℃时,则喜欢停留在阴凉的地方。苍蝇一般停落在室内天花板、悬挂的电线和门窗等,以及室外的树枝、树叶、电线及离地2m以上的挂绳等地方。

七、苍蝇的活动范围有多大?

苍蝇很善于飞翔,它的活动常常受到气味、温度、风向、光照等因素的影响。以家蝇为例,1小时它可飞6~8km,但一般在以孳生场所为中心的100~200m半径范围内活动。

八、苍蝇能活多长时间?

苍蝇的寿命受温度、湿度、食物和水等因素的影响很大,通常雌性比雄性寿命长，其寿命一般在30～60天。例如在低温越冬的情况下，家蝇可存活半年以上，实验室条件下家蝇的寿命可达112天。

九、苍蝇的繁殖能力有多强大？

苍蝇的繁殖能力超乎寻常，产卵数与苍蝇的生殖方式、个体大小、营养条件以及温度、湿度等有关，亦因种类而异。雌蝇一次交配便可终身产卵，一只雌蝇一生可产卵5～6次，每次产卵数为100～150粒，多者可达300余粒。一对苍蝇一年内可繁殖10～12代。

十、苍蝇怎样过冬呢？

大多数苍蝇的成蝇都不适于在低温、低湿的环境下活动，但蛹期是蝇类发育过程中对低温抵抗力最强的阶段。因此到了冬天，苍蝇大多以蛹的形式钻入孳生场所附近的土壤中越冬。也有少数幼虫在孳生物中越冬，或者成虫潜藏在墙缝、屋角、菜窖、枯井、石洞以及室内较温暖处。

十一、苍蝇会传播疾病吗？

苍蝇可以传播的细菌有100多种，原虫约30种，病毒20余种。苍蝇主要通过机械性的方式来传播疾病，如细菌性肠道感染、霍乱、雅司病、眼病、脊髓灰质炎、其他病毒性肠道感染、结核病、寄生虫病等。另外还可引起蝇蛆病，如眼蝇蛆病、皮肤蝇蛆病、胃肠道蝇蛆病、创伤蝇蛆病、泌尿生殖系统蝇蛆病等。吸血蝇类还可以通过吸血的方式传播疾病，如睡眠病、炭疽病、破伤风等。

十二、苍蝇是怎样传播病原体的?

苍蝇体表长有很多毛和鬃,特别是足部具有长毛,容易附着各种病原体。同时苍蝇"注重形象",在爬行或停落时喜欢搓足和梳刷体表、蝇足等,通过体表机械携带的方式来传播病原体。

十三、苍蝇为什么喜欢搓手搓脚?

苍蝇的脚上有味觉感受器,它停歇时不断用脚四处沾沾,尝尝味道,然后又不停地搓,是为了把味觉感受器清理干净,把旧的味道除去,再品尝新的味道;也是为了给自己做清洁卫生,这种行为和我们吃饭前先洗手一样。

十四、怎样防止苍蝇进入室内?

苍蝇进入室内主要是通过门窗、孔洞等,因此与室外相通的门窗应安装纱门、纱窗、防蝇帘或风幕,与外界相通的孔洞能密封的要密封,不能密封的应安装防蝇网等防蝇设施。

十五、室内有苍蝇该怎么杀灭?

室内防蝇的方式主要是防止苍蝇进入,原则上室内不推荐使用药物喷洒的方式灭蝇。偶尔有苍蝇进入室内时,可以用手动或者电动灭蚊蝇拍拍打。如果室内苍蝇较多,可用粘蝇条(带、绳)、粘蝇纸、电击式灭蝇灯或者灭蝇毒饵剂灭蝇。

同时家里的食物要收好，垃圾桶要套袋、加盖，垃圾应及时清除，以免苍蝇在食物或垃圾等物上产卵孳生。

十六、室外怎样灭蝇？

室外灭蝇重要的是要及时清除苍蝇的孳生物，将孳生物管理好，减少苍蝇的孳生。室外灭蝇可以使用电击式灭蝇灯、粘蝇条（带、绳）、粘蝇纸、捕蝇笼或灭蝇毒饵剂灭蝇。当苍蝇密度较高时，可使用符合国家标准的杀虫剂进行药物灭蝇。

十七、常用的灭蝇杀虫剂有哪些？

目前常用的灭蝇杀虫剂几乎都是有机合成的杀虫剂，主要是有机磷类、氨基甲酸酯类和拟除虫菊酯类的复配液及各种剂型。常见的品种有：①有机磷类的敌百虫、敌敌畏、倍硫磷、辛硫磷、马拉硫磷等；②氨基甲酸酯类的残杀威、仲丁威、灭多威、西维因等；③拟除虫菊酯类的溴氰菊酯、氯氰菊酯、氟氯氰菊酯、苯醚菊酯、氯菊酯、氰戊菊酯、胺菊酯等；④昆虫生长调节剂的灭幼脲等。

十八、室内用药有哪些注意事项？

如果需要在室内使用杀虫剂，要严格按推荐剂量和方式用药，在保质期内使用。施药前要将餐具、食物、宠物等转移到其他处所，其他人员离开室内。喷洒杀虫剂时，要做好防护，戴帽子、口罩、眼罩和手套等，操作人员禁止饮食或吸烟，防止中毒事故的发生。喷药结束后，应及时清洗器械，妥善处理药物空瓶或容器。使用气雾剂时，不要靠近热源和明火处，也不可置于高温处，防止其燃烧或爆炸。

十九、如何正确安装风幕机？

使用风幕机防蝇时，风幕机的风幕宽度应大于或等于门宽，出风口向下向外倾斜30°，风速越大效果越好，风幕机风速必须大于昆虫的正常飞行速度。以家蝇为例，到达地面有效风速应大于7.62m/s。

二十、苍蝇是不是"一无是处"？

苍蝇虽然很脏，但是它并不是一无是处，人类对它的研究和利用尚不完全。在自然界中，庞大的蝇类家族是食物链中非常重要的一分子，且大量的蝇类还是植物授粉的传播使者。苍蝇还具有强大的经济价值，其幼虫富含高蛋白，可作为鸡、鸭、鱼等的饲料添加剂。由于苍蝇有食腐习性，能帮助分解动物尸体等，因此苍蝇是大自然的清洁工之一。在有的案件侦破中，法医依据尸体蝇蛆的虫龄进行破案，苍蝇成为破案的帮手。

二十一、防蝇胶帘应怎样安装？

如果使用防蝇胶帘，胶帘应覆盖整个门框，宽度必须大于门洞10cm以上，底部离地距离小于2cm，相邻胶帘条要求重叠，且重叠部分不少于2cm，破损的胶帘条要及时调整或更换。使用珠条帘防蝇有利于室内外通风换气，更适合室内没有安装空调的房间。安装好的珠条帘要保证珠条自然下垂，末端离地距离小于2cm。各珠条间不能有较大缝隙，门帘宽度与门框等宽即可。

二十二、厨房排风或通风口防蝇纱网的要求

厨房对外直排式通风孔也要安装纱网。如果是平房或1、2楼的直接外排式通风孔还要兼顾防鼠功能，纱网要采用铁纱网。

二十三、使用灭蝇灯有哪些注意事项？

灭蝇灯应沿着通道或在各出入口处安装，同时要避开阳光直射处和有灯光的地方。厨房、就餐区宜安装粘捕式灭蝇灯。如果使用电击式灭蝇灯，灭蝇灯不得悬挂在食品加工制作或贮存区域的上方，防止电击后的虫害碎屑污染食品。灭蝇灯距地面的高度应在1.5～2.0m，两灯的间距不应该超过15m，并避开室内的强光源处。灭蝇灯应定期清洁和保养，灯管每半年至一年更换一次。

二十四、粘蝇条（带、绳）应放在哪里？

根据苍蝇在室内喜欢停留在绳索等悬挂物上的习性，粘蝇条（带、绳）应悬挂在室内厕所、厨房或畜圈、禽舍等处的屋顶或天花板上。应置于离地面2.0～2.5m处，横拉的粘蝇条（带、绳）应离顶棚30cm，最好不要靠近四壁。

二十五、哪些地方可以采用滞留喷洒施药灭蝇？

可采用滞留喷洒施药灭蝇的地点包括室内前厅、走廊的照明灯具和灯线，房梁的下角处，纱门、纱窗，不经常打开的玻璃窗的玻璃与窗框衔接处的边缘，天棚、垃圾箱的内上盖和外壁，室外厕所的玻璃窗、纱窗，垃圾、粪堆、建筑物周边距房舍、畜舍较近的蝇类栖息的树木、灌丛、树墙。

二十六、熏杀灭蝇需要注意什么？

关闭好房间，使用时注意防火，熏杀的时间一定要足够。

操作者应做好自身防护，熏杀后，室内要经充分通风后，才可以让人进入。

二十七、选用杀虫剂要注意什么？

不能选用"三无"产品。卫生杀虫剂属于农药的范畴，按照我国相关规定，杀虫剂必须取得农业农村部的登记。因此选用杀虫剂应选取得农药"三证"，即农药登记证、农药生产许可证、农药生产批准文件以及达到相应质量标准的产品。在我国登记的卫生杀虫剂范围内，应优先选用世界卫生组织（WHO）推荐的药剂。优先选择对高等动物毒性低、环境风险小的药剂。选用名牌厂家（商家）、信誉好的厂家（商家）生产的杀虫剂，质量才有保证。

二十八、杀虫剂中毒一般有哪些表现？

由于不同农药的作用机制不同，中毒症状表现不同，一般表现为恶心、呕吐、呼吸障碍、心脏停搏、休克、昏迷、痉挛、激动、烦躁不安、疼痛、肺水肿、脑水肿等。如果不慎中毒，为了减轻症状和避免死亡，必须及早、尽快、及时地采取急救措施，包括现场紧急处理和急送医院救治。

二十九、夏秋季，家里尤其是瓜果蔬菜上出现的一种小飞虫是什么，该怎么防治？

这是一种"小苍蝇"，体型小巧，长2～3mm，身体为淡黄色至黄褐色，大都具有硕大的红色复眼，它们就是果蝇。果蝇喜欢腐败发酵气味，喜食烂水果上的酵母菌。因此防治果蝇应治本清源：及时清除腐烂的水果、垃圾，清洁垃圾桶、水道和排水沟的食物残渣等。

三十、刚买回来的肉上长蛆了，是怎么回事？

刚买回来的肉上长的蛆，其实不是肉腐烂了，可能是麻蝇的幼虫，俗称蛆。麻蝇具有卵胎生的现象，可能之前在肉上产了"苍蝇宝宝"。

参考文献

[1] 陆宝麟，吴厚永.中国重要医学昆虫分类与鉴别

［M］.郑州：河南科学技术出版社，2003.

　　［2］汪诚信.有害生物治理［M］.北京：化学工业出版社，2005.

（李观翠　余技钢　李玲玲）

第三章　生活中的老鼠

一、重新认识老鼠

老鼠在我们日常生活中非常常见，是哺乳动物中种类最多、分布最广、数量最大的一类动物。老鼠和我们的生活息息相关，比如我们常讲的"胆小如鼠""贼眉鼠眼""过街老鼠，人人喊打"等成语和谚语就是用老鼠的一些习性来形容人。后面我们会对老鼠的习性做一个详细的介绍。下面首先让我们来认识和老鼠相关的几类动物。

（一）啮齿目动物

我们平时所说的老鼠主要指的是啮齿目动物，为了方便人们更加准确地区别一些动物的种类，我们会通过解剖的方法去除动物的皮毛等组织后取得其头骨来进行鉴别。通过观察啮齿目动物的头骨，可以发现它最明显的特征是整个头骨呈现凿形，有一对大大的门齿，没有大型食肉动物那种尖尖的獠牙（图1）。

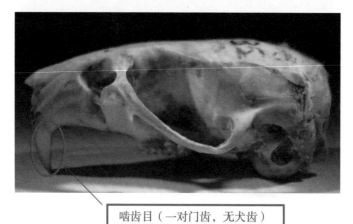

啮齿目（一对门齿，无犬齿）

图1　啮齿目动物及其头骨

（二）兔形目动物

还有一种长相和啮齿目动物非常相似的动物，但是它们却和我们所认识的小兔子是一类。通过观察它的头骨，我们可以发现其外形和啮齿目动物非常相似，也是门齿呈凿形，没有大型食肉动物那种尖尖的獠牙，但它们有两对长短不同的门牙（图2）。

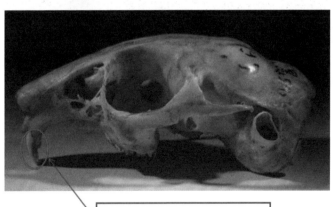

兔形目（两对门齿，无犬齿）

图2　兔形目动物及其头骨

（三）食虫目动物

另外还有一类毛茸茸的动物，外形也和我们常见的啮齿目动物相似，我们称之为鼩鼱，属于食虫目动物。它的鼻子更加尖长，观察它的头骨我们发现和啮齿目动物有所不同，它有一对更加厚钝的门牙，其他牙齿呈不规则的锯齿状（图3）。

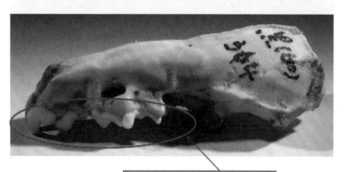

食虫目（牙齿呈锯齿状）

图3　食虫目动物及其头骨

以上三类动物在我们日常生活中都比较常见。由于它们在外形上很相似，我们经常难以区分，因此会统一称呼它们为鼠形动物。

二、老鼠的危害与贡献

说到老鼠的危害，大家应该深有体会。首先老鼠经常在自然界与我们人类的生活环境之间穿梭，它能将自然界中的一些病原体带入我们的生活环境，从而造成疾病流行。老鼠能传播的疾病非常多，比如鼠疫、流行性出血热、鼠型斑疹伤寒、恙虫病等。当老鼠侵入我们生活时，常常会啃咬衣物、桌椅、线路等造成物品损坏。它偷吃食物、垃圾时还会排出气味难闻的粪便与尿液，这不仅会污染我们的生活环境，造成生活品质的下降，还能将其体内的某些病原体通过粪便与尿液传播给我们，造成疾病，危害我们的健康。老鼠身体表面也可能携带一些寄生虫，比如跳蚤、螨虫等，同样会叮咬我们造成疾病的传播。

虽然老鼠非常可恶，但是每一种生物都具有两面性。比如，我们在进行医学研究时，往往需要使用动物来进行实验，而作为老鼠一员的小白鼠（图4）就是使用频率较高的实验动物之一，它们对我们人类的医学进步做出了伟大的贡献。此外，老鼠在自然界中广泛存在，为蛇、鹰、狐狸等一些食肉动物提供了食物来源，在食物链中扮演着重要的角色，对维持生态系统的稳定也至关重要。

图4　小白鼠

　　所以，老鼠并非时时处处皆为害，若易位思考，它们作为生态系统中的一员，同样有着存在的意义与必要性。无论是从保护生态系统的角度出发，还是从人类长远利益出发，我们都不必将它们完全消灭，只需要将它们控制在一个不足以造成危害的水平。

三、老鼠的习性

　　生活中我们有的人喜欢吃鲜香麻辣的火锅，有的人喜欢喝酸酸甜甜的果汁，那么老鼠喜欢吃什么呢？它日常怎么生活呢？下面让我们来了解一下。

　　一般来说，大部分家居环境中的老鼠都是杂食性的，瓜果蔬菜、餐厨垃圾等都能成为它们的食物。老鼠的嗅觉和味觉很灵敏，而且记忆力也比较强。有科学家做过一个有趣的实验，当给一只老鼠食用一种毒药后，老鼠出现严重的身体不适，等它康复以后，再给它食用混有该种毒药的食物时，老鼠直到饿死也不会再食用这些食物。这个实验证明了老鼠灵敏的嗅觉和味觉，能轻易辨别食物中混有的毒药气味，而且也能记住毒药对它造成过伤害，因而再也不会食用带有这种味道的东西。老鼠也是一名"运动健将"，有的老鼠善于奔跑和跳跃，有的能够飞檐走壁，善于攀登，还有一部分老鼠善于游泳，可以通过下水道潜入居民家中。老鼠和我们人类一样，也具有社群行为，在它们的大家庭中也有地位高低之分。一般老弱、伤残的老鼠地位较低，会被其他强壮的雄性老鼠驱逐去探索新环境和取食新出现的食物，充当"探路先锋"。老鼠有如此庞大数量的一个重要原因是其繁殖能力非常强。在我们生活中常见的家居老鼠一年能繁殖2~3次，每次能生育4~8只后代。所以对老鼠的防治必定是一个长期的过程，稍有懈怠，残存的老鼠就能大量繁殖，使其种群数量迅速恢复。

四、鼠害的防治

当家中出现老鼠时，我们经常会不堪其扰。那么我们该如何防范才能免于被其骚扰呢？下面我们来具体学习一下。

对于家庭鼠害，我们治理的重点首先是清理环境。可能大家很疑惑，清理环境和减少老鼠侵害有什么关系呢？老鼠繁殖和栖息的场所主要是城市中各类脏、乱、差的环境，我们把这类场所清理干净，就能破坏老鼠赖以生存的环境，能从根源上降低其密度。老鼠的密度下降了，侵入我们居民家中的老鼠数量自然也就降低了。那么我们居民家周围有哪些环境需要重点关注呢？首先就是垃圾房和垃圾桶。垃圾中残留的有机物是老鼠的食物，供它们生长繁殖。因此我们平常生活中产生的垃圾一定要打包装好扔进密闭的容器内防止老鼠盗食。其次是清除家庭周边堆积的杂物，减少老鼠藏匿的场所。最后就是要对房屋附近绿化带和墙角处的鼠洞进行封堵、填埋。

做好了环境清理，接下来我们需要做什么呢？我们治理环境虽然能降低老鼠的密度，但短期内很难根除，所以在环境治理的同时我们需要进行家庭防护，避免老鼠从室外进入家中。安装金属纱门、纱窗能防止老鼠从门窗侵入。我们还需要对家中与外界相连的一些孔道和缝隙进行封堵，比如将空调内外机之间的管道缝隙用填缝剂封堵，厨房的烟道、下水道安装金属网和地漏等。

日常生活中即使我们认真做好了各类防护，也可能有疏忽的时候，被老鼠侵入家中，那这时我们需要怎么处理呢？

首先判断家中是否存在老鼠以及老鼠在什么地方活动，可以通过查找家具底部、墙脚、垃圾桶、厨房等处是否存在鼠粪、鼠爪印和鼠咬痕等来判定（图5）。当确定家中有老鼠侵入后，我们需要保管好贵重物品，防止老鼠破坏造成财物损毁。然后，可以采用比较安全的捕鼠笼或粘鼠板等捕捉老鼠。布放捕鼠笼或粘鼠板时需要平行于墙根紧贴布放，尽量放置在较为隐蔽的地方，同时需要将食物和水源管理好，提高抓捕效果。老鼠具有一种称为"新物反应"的行为，老鼠对熟悉环境中新出现的物体很警觉，会进行反复探查，直至熟悉。而家居老鼠的"新物反应"远超野外老鼠，所以，抓捕家居老鼠需要有足够的耐心，放置捕鼠笼或粘鼠板后需要等待几天才可能有效果。捕获到的老鼠可以用水淹死后挖坑深埋。值得注意的是，老鼠体表有诸如跳蚤、螨虫类的寄生虫，会在老鼠死亡后或者水淹时游离出老鼠体表，此时我们接近就可能被叮咬造成伤害。所以，我们发现死亡的老鼠或者在水淹处理时需要第一时间对其及周边环境喷洒杀虫剂以杀死游离的体表寄生虫。处理老鼠尸体时要避免用手直接接触，应戴好手套和口罩，用镊子等工具进行转移。

图5 鼠爪印和鼠粪图

参考文献

［1］汪诚信.有害生物治理［M］.北京：化学工业出版社，2005.

［2］余技钢，胡雅劼，李观翠，等.2014年四川省部分城市鼠类监测结果分析［J］.寄生虫病与感染性疾病，2016，14（3）：189-191.

［3］王陇德.病媒生物防制实用指南［M］.北京：人民卫生出版社，2010.

（余技钢 李玲玲）

第四章　蟑螂的防治

蟑螂有"黄婆娘""偷油婆""小强""茶婆子""香娘子"等多种称呼，它是地球上起源古老、繁衍成功的生物之一。据中国科学院南京地质古生物研究所林启斌等的研究表明，蟑螂化石出现于石炭纪，距今约有3.5亿年。

一、蟑螂的生物学特征

很早以前，蟑螂从发源地非洲大陆通过海运商船、货物等，被带到南美、东欧和南亚的港口城市，后传入温带地区，最后到达北方寒冷地区，现已遍布全世界，成为当今重要的家庭害虫。

蟑螂喜欢生活在温暖、潮湿、食物丰富的地方，比如靠近热源、水源、食源附近的"缝、洞、角、堆"等隐蔽场所。在冬天，它们多在厨房，紧挨炉灶和暖气片等地；到了夏天，厨房温度高，它们便分散到别处，分布范围扩大。蟑螂喜欢生活在一起，常可发现在一个位置上，少则几只，多则几十、几百只聚集在一起。这主要是因为蟑螂会分泌一种"聚集信息素"，随粪便排出体外，形成棕色或褐色粪迹斑点，粪迹越多，蟑螂聚集也越多。

蟑螂能吃的食物种类很多，甜、酸、苦、辣、香、臭等食物都吃，特别喜欢含有淀粉或糖的食物，其中，红糖、饴糖对它们的引诱力最强。蟑螂还有喜欢吃油脂的习惯，在各种植物油中，香麻油最受喜欢，所以有些地方把蟑螂称为"偷油婆"。不同种类的蟑螂，食物喜好有一定的差别。例如德国小蠊爱吃发酵的食品和饮料，美洲大蠊喜欢吃腐败的有机物，澳洲大蠊主要吃植物性食物。

蟑螂喜欢黑暗，怕光，白天躲在阴暗的角落里，晚上外出找食物、求偶。

二、常见蟑螂种类

全世界蟑螂有接近5000种，我国记录的蟑螂超过253种，直接有害于人类的种类不超过100种，生活在室内与人类活动关系密切的主要有以下6种。

（一）德国小蠊

德国小蠊主要生活在家中厨房和浴室，在饭馆、食堂、食品加工厂及船舶等地也有活动。德国小蠊繁殖率很高，是城镇蟑螂中较难防治的一种。德国小蠊是室内蟑螂中体型较小的一种，茶褐色，前胸背板都有2条平行的黑褐色纵条（图1）。

图1　德国小蠊成虫

（二）美洲大蠊

　　美洲大蠊主要生活在家庭、饭馆、食品加工厂、食品杂货店以及面包房等。体形较大，红褐色，有一大的黑褐色蝶状斑。喜欢腐败的食物，有时可以看到它们在垃圾堆和粪便上寻找食物（图2）。

图2　美洲大蠊成虫

（三）澳洲大蠊

澳洲大蠊主要生活在热带和亚热带地区，如福建、广东、广西、四川等地。澳洲大蠊也是大型蟑螂，红褐色。前胸背板与美洲大蠊近似。身体两侧有一金黄色条纹。与美洲大蠊近似，在家庭室内场所生活，两者有时在厨房等处混合居住（图3）。

图3　澳洲大蠊成虫

（四）褐斑大蠊

褐斑大蠊主要生活在热带和亚热带地区。在我国，它主要生活在南方地区。棕褐色，身体上有一条不太明显的赤褐色锚状斑。翅发达，伸达腹端。常与美洲大蠊、澳洲大蠊和黑胸大蠊混合居住。

（五）黑胸大蠊

黑胸大蠊在我国分布很广，是江苏、浙江、江西、湖北等地城市居民区的优势种。黑褐色，有油状光泽，与褐斑大蠊近似。主要生活在厨房，多在碗柜、桌子抽屉角落、炉灶边缝以及水池下，也可以生活在衣柜、书架。黑胸大蠊有时在晚上可受光的引诱而飞入室内（图4）。

图4　黑胸大蠊成虫

（六）日本大蠊

日本大蠊分布较窄，目前只有日本、中国和俄罗斯有记载，在我国河北、天津、辽宁、湖北、广西、江苏、山东和湖南等地有发现。

三、蟑螂的危害

各种食物、器具用品以及中药材都可能成为蟑螂的食物，从而造成很大的经济损失。工厂产品、店中商品及家中食物等都可因蟑螂咬食而污染造成经济损失。可因蟑螂侵害导致通信设备、电脑等故障，造成事故，所以国外有人称蟑螂为"电脑害虫"。

蟑螂能携带40余种对脊椎动物致病的细菌，如传染麻风的麻风分枝杆菌、传染腺鼠疫的鼠疫杆菌、传染痢疾的痢疾志贺菌等。此外，蟑螂体内带有钩虫、蛔虫、鞭毛虫等人体寄生虫卵，一只蟑螂的触角、足和消化道可分离出上万个细菌。国外有报道，美洲大蠊的分泌物和粪便还含有致癌物质黄曲霉毒素。

蟑螂的排泄物中含有致过敏物质，人接触后可能发生哮喘和过敏性鼻炎等。

另外，不时有新闻报道，在夜间休息时，有蟑螂爬入耳朵，耳膜被咬穿，导致听力下降。

四、蟑螂的防治

人们常用的"灭蟑秘籍"，如洋葱驱蟑、糖水瓶子捕蟑螂法、瓶罐驱蟑螂等，不仅对防治蟑螂的作用不大，而且很难彻底根除蟑螂。要想彻底根除蟑螂，最好的办法是采取综合治理策略，预防蟑螂入侵，打扫环境卫生，清除蟑螂的栖息场所，必要时使用化学杀虫剂等。

（一）预防蟑螂进入家庭

预防或尽量减少蟑螂进入家庭，是防止危害产生的关键。蟑螂主要通过两条途径侵入：

1.有些可在户外生活的蟑螂，如美洲大蠊、日本大蠊等，在冬季气温下降时会向室内扩散，无蟑螂的住宅也可从相邻的住户或公寓侵入。为了预防这些情况的发生，墙壁、地板、门框等的孔洞和缝隙都应当用油灰、水泥或其他材料加以封闭。在这方面尤其要注意水管、暖气管和电线等管道的穿墙通道，这些管道周围的洞缝要完全封闭，不留孔隙，防止蟑螂爬入。

2.蟑螂往往可由盛装食品、饮料等的纸箱或其他容器以及行李等被带入室内。进口的大型设备的包装木箱、集装箱中也常发现蟑螂。所以在把这类物品携入室内之前应先仔细检查。从旧居，特别是从原来蟑螂较多的房屋迁入新屋时，蟑螂易通过搬迁的各种物件被带入，在搬运前必须对搬迁物件进行仔细检查。对于碗柜、衣柜、旧家具等容易栖藏蟑螂的物件，可在搬迁之前，用杀虫气雾罐或手拔喷雾杀虫剂进行喷洒，将可能存在的蟑螂赶出去并杀死，并认真搜查卵鞘，一旦发现，当即杀死。如果把蟑螂带入新居，它们大量繁殖，再要清除它们，就需要花很大的力气。

（二）环境治理

蟑螂的生存和繁衍依赖适宜的环境条件，即温暖、潮湿、有食源。环境治理是防治蟑螂的基础，主要是搞好环境卫生和清除室内栖息场所。环境治理通常可以大大减轻蟑螂的侵害程度，甚至无需进行化学防治，即使需要化学防治，也可提高化学防治的效果。

1.搞好环境卫生：进行大扫除，彻底搞好卫生，保持室内整洁，特别注意清除蟑螂的栖息场所，翻箱倒柜搜捕蟑螂及其卵鞘。

清除垃圾和废弃杂物，减少蟑螂的食物源和栖息场所。加强住宅楼内公共部位，如楼梯通道、走廊、公用厨房和厕所等的杂物清理，清扫死角。盛放杂物的木箱、纸箱也要加以清理。垃圾要日产日清。

清除灶台上、桌面上及菜柜搁板上的污物，不留食物残屑，地面、桌面等经常保持洁净。过夜的食品应在冰箱或橱门严密的橱柜中存放，或加盖保护。晚上要关紧水龙头，室内保持干燥。

清除痕迹。蟑螂在其栖息场所，例如橱柜角落等处，常留有粪迹、空鞘和残骸等，这些痕迹必须及时清除，减少"聚集信息素"的聚集作用。

2.清除栖息场所：建筑物内部的结构状况与蟑螂侵害程度也有关系。房屋结构的缺陷，例如泥墙上的缝洞、砖墙上的间隙，不但为蟑螂提供了理想的栖息场所，也给防治工作带来困难。旧房内部结构多有破损，有利于蟑螂的栖息，蟑螂侵害率往往远比新房高。

堵洞抹缝。墙上的裂缝和孔洞用水泥或石灰堵塞抹平。菜柜、台桌和家具上的缝洞可用油灰或其他材料填补，较大的洞则需请木工修理，或自行用木板钉住。修补门窗及门窗框上的缝隙。网盖洞口。在室内的下水道开口，必须用小眼的不锈钢丝网盖住。对旧房进行彻底整修，例如更换开裂、腐烂的门窗框架、木柱等。

（三）物理治理

1.粘捕。蟑螂可用特制的粘捕纸板粘捕，粘捕纸板市场上有出售。使用时，将粘胶纸板上的防粘纸撕去，中央放小块新鲜面包，然后将此纸板放入盒中。蟑螂一接触纸板就被粘着，无法逃脱。粘胶中不含杀虫剂，使用安全。粘捕纸板可放置在蟑螂活动的任何地方，也可放在菜柜、更衣箱等箱柜内诱杀蟑螂。

2.捕鞘。卵鞘常被产在很隐蔽的缝洞、角落处和杂物堆中，很难被发现，目前还没有什么药物能杀死它。搜捕卵鞘与杀灭成虫、若虫相结合，能大大提高防治效果。

3.烫杀。厨房和食堂是蟑螂最多的场所，可用开水直接浇灌各处的缝洞和角落，烫杀隐藏在其中的蟑螂和卵鞘。

另外，超声波灭蟑这种方式因为效果不佳和使用过程会产生小剂量的超声波辐射，现已逐渐淡出市场。

（四）化学防治

化学防治是使用化学药剂来防治蟑螂危害的方法。化学药剂具有使用方便、见效快及可由工厂大量生产等优点，目前仍然是蟑螂综合治理中的一项重要手段，也是现在我国杀灭蟑螂的主要措施。

1.杀虫剂喷洒。将杀虫剂喷洒在蟑螂栖息或经常活动的场所，致使它们爬行时与药面接触而中毒死亡。

喷洒前必须把食品、食具以及饲养的鸟、鱼等搬出，关闭门、窗、风扇和排风扇，喷药后密闭1小时，以防药物随风流失和蟑螂逃窜。喷药时，先在门、窗以及其他通道口喷洒一圈宽约20cm的屏障带，使得蟑螂从这些出入口逃跑时也会接触到药物。然后由外向内，从上而下喷洒。墙面的一般喷洒高度为1.0~1.5m，使用扇状喷头，橱柜、台面以及墙角落等可进行点状喷洒。对蟑螂栖息的夹缝、空隙和孔洞，用线状喷头进行缝隙喷洒。在喷缝、洞之前，应先在其周围喷一圈屏障带，然后再向缝、洞内喷射足量的杀虫剂。喷药人员应加强自身防护。

2.毒饵。由于蟑螂多在隐蔽缝隙活动，喷雾剂、气雾剂、粉剂直接或间接喷杀致死效率低，大量的杀虫剂喷洒还会污染人类居住环境，危害人体健康，并且对于一些特殊场所如食品加工厂等无法直接使用喷洒杀虫。灭蟑螂毒饵拥有高效、经济的特点，成为科学杀灭蟑螂的重要方法之一，近年来得到了广泛的应用。

毒饵灭杀蟑螂方法由于简便、经济的特点，很受群众欢迎，适用于那些不宜采用杀虫剂喷洒的场所，如精密仪器室、微机房、配电室等。毒饵的杀虫作用缓慢，在蟑螂密度高的场所使用，不能迅速降低密度，如果与滞留喷洒结合，则可起到取长补短的作用。

蟑螂栖息和活动的任何场所都是投放毒饵点，应采取量少、点多和面广的办法，即布毒点多一些、每点放的毒饵量少一些（1g毒饵放4～5个点）、面广一些，以便增加蟑螂取食的机会。若发现毒饵消耗，要及时添加。投放点卫生需打扫干净，以提高毒饵的诱杀效果。

为了便于投放、收集和防止受潮，可以将毒饵盛放在小碟或瓶盖中定点布放。投放点选择平面，例如地面、桌面和搁板等。使用毒饵槽可便于立体布放毒饵。

3.药笔。在蟑螂栖息的缝、洞和角落周围以及它们经常活动的地方，用药笔画圈或"井"字，使蟑螂进出或活动时因沾上涂画的粉末而被毒死。涂画的痕迹不能太细，应将药笔折成2～3段，取一段横着涂画一条宽约2cm的粗线。

化学防治方法效果很快，但是在使用时一定要选用符合国家规定的安全产品。使用方法、浓度等要严格按照说明书操作，使用时注意生命安全，以防中毒。一旦出现中毒现象，要第一时间到就近的医院诊治。

蟑螂治理要把化学防治与物理治理、环境治理等相结合，清理蟑螂的孳生环境，综合治理，才能达到较好的蟑螂防治效果。

五、蟑螂入耳，怎么办

蟑螂入耳后，许多人的第一反应是立刻用手去掏，这一方法是大忌。虫子进入耳道后，用手去掏，它反而会往耳朵深处钻，使鼓膜受到伤害。如果没有外部刺激，虫子会相对安静一点。此时千万别慌张，可用以下方法进行处理：

1.用手电筒照一照。喜光的小飞虫如飞蛾、蚊子等见光后就可能飞出来，但如果是怕光的虫子可能会适得其反。所以如果不能确定虫子的类别，这种方法不建议反复进行。

2.耳内滴油。将食用油或甘油滴几滴到耳内，过两三分钟待虫子溺死后，把头歪向患侧，让虫子随着油淌出来。

以上两种方法仅供紧急时采用。无论采用哪种方法，如果虫子没有出来或者无法确定是否耳道内有虫子，都要尽快到医院找医生检查处理。

六、辩证说蟑螂

蟑螂除以上有害的一面外，部分种类有药用及食用价值。

蟑螂入药的历史可追溯到秦汉时期。《神农本草经》载："味咸，寒。主血瘀，癥坚，寒热，破积聚，喉咽痹，内寒无子。"《名医别录》载："有毒。通利血脉。"这些典籍说明药用昆虫蟑螂类，具有活血化瘀、解毒消暗、利水消肿等功能。

在两千年前，民间医药就将蟑螂入药，治疗跌打损伤，对其的利用已有研究。在苏、浙、滇等地，民间曾有专人研究治枪伤药，其主要成分就是蟑螂，效果极佳。

近年的研究发现美洲大蠊提取物具有抗菌、抗病毒、强心升压、改善微循环、增强免疫、抗肿瘤、抗炎、消肿及止痛、抗氧化、抗衰老等多种功效。如康复新液中就含有美洲大蠊干燥虫体的乙醇提取物。

蟑螂不仅药理作用显著，而且含有丰富的人体所必需的氨基酸和微量元素，食用价值较高，是动物蛋白食品的选择之一。

虽然蟑螂具有上述价值，但药用和食用蟑螂仍需要经过特殊处理。家庭中的蟑螂携带很多病原体，千万不要乱食乱用。

参考文献

［1］冯平章，郭予元，吴福桢.中国蟑螂种类及防治［M］.北京：中国科学技术出版社，1997.

［2］全国爱国卫生运动委员会办公室.除四害指南［M］.北京：科学出版社，1994.

［3］张青梅，孙冰倩.耳内进虫，两招应急［J］.家庭医药：就医选药，2021（7）：81.

［4］李吉.家庭灭蟑首推杀蟑饵剂［J］.江苏卫生保健，2021（5）：45.

［5］都二霞，李胜.蟑螂为"小强"的分子奥秘［J］.中国媒介生物学及控制杂志，2021，32（4）：385-389.

［6］肖汉森，何亚明，季恒青.灭蟑饵剂的研究及应用进展［J］.中国媒介生物学及控制杂志，2021，32（5）：642-646.

（刘鹃　胡雅劼）

第五章　小小蜱虫

椭圆身子四条腿，绿豆大小尖尖嘴。
吸血变大好几倍，不是昆虫它是谁？

　　蜱虫（图1），又叫壁虱，也有草爬子和草蜱虫等俗称，但蜱虫不是昆虫，它是蜘蛛和螨的亲戚，属于蛛形纲蜱螨亚纲。蜱虫和昆虫最明显的区别是成蜱有四对足，而昆虫只有三对。全世界已知有800多种蜱虫，其中我国有124种，在全国各地均有分布。

蜱虫背面观　　　　　　蜱虫腹面观

图1　蜱虫（邱鹭摄）

常见蜱虫主要分为硬蜱和软蜱。硬蜱的成虫背部有较硬的盾板，一般生活在有动物出没的灌木丛、草原或森林里。软蜱背部没有硬质盾板，大多栖息于牲畜棚舍和野生动物洞穴中，常见饱血状态附于动物体表（图2）。

图2　饱血状态的蜱虫（邱鹭摄）

我们常常将蚊虫叫作"吸血鬼"，而蜱虫吸起血来，可比蚊虫更加贪婪。蜱虫在没有吸血时，身体扁扁的，比绿豆稍小，但蜱虫体表延展性极强，吸血时可以膨大如黄豆，更厉害的可以有小拇指指甲盖大，圆滚滚如气球，身体可以达到未吸血状态的几倍甚至几十倍大。蜱的幼虫、若虫和成虫都需要吸血，可以说蜱的一生就在寻找宿主和吸血寄生中度过。

一、蜱虫在哪里？

蜱虫是许多种脊椎动物体表的暂时性寄生虫，时常蛰伏于矮草丛、灌木等植物上，或者寄宿于牲畜、野生动物或家养宠物的皮毛间，一般在眼睛、耳朵、生殖器等皮毛较少的部位更容易发现。蛰伏在植物丛间的蜱虫，一旦有动物经过，需要吸血时，便顺势爬附到动物体表，寻找机会吸血。

城市中的人们，如果不是野外工作或露营，遇到蜱虫的机会比较少，但也不能掉以轻心。野猫、野狗身上和绿化带中，甚至家养宠物身上，都有可能会有蜱虫（图3）。

有野生动物出没的景区　　　有放养家畜经过的荒坡草地

图3　蜱虫生活环境

二、蜱虫的一生

蜱的一生可以分为四个时期：卵、幼虫、若虫和成虫。卵呈椭圆形，0.5～1.0mm，颜色淡黄色至棕黄色，常多个卵堆积在草根树根、棚舍等蜱虫栖息地的缝隙处。在适宜条件下，卵大多在一个月以内孵化为幼虫。幼虫体小，只有三对足。再经过2～4周，幼虫便蜕皮变为若虫。若虫在外形上已经非常接近成虫，也有四对足，只是还没有发育出生殖孔。软蜱有1～6期若虫期，硬蜱一般只有1期，最后1期若虫在宿主身上吸完血，落地再发育1～4周便蜕皮为成虫。蜱虫完成一代生活史需要两个月至3年不等。

蜱虫可以只寄生于一个宿主，也可以更换多个宿主。寄生一个宿主的蜱虫在同一个动物个体身上寄宿和吸血，完成从幼虫到成虫的各个发育期，最后成蜱雌虫吸血后落地产卵。拥有多个宿主的蜱虫在幼虫、若虫的各个时期和成虫期可以在不同的宿主体表生活。有的幼虫和若虫有一个宿主，成虫为另一个宿主；有的幼虫、若虫和成虫各有一个宿主；还有的幼虫、若虫以及成虫的不同时期都在不同宿主身上寄生。更换宿主的过程也是传播各类蜱传疾病的过程（图4）。

图4　羊耳朵上寄生的蜱虫

三、蜱虫如何找到宿主？

蜱虫的宿主包括鸟类、陆生哺乳动物、爬行动物等。蜱的第一对足末端有一对"哈勒氏器"，可以非常灵敏地感知宿主动物身上的二氧化碳、热量信息或者气流波动情况，感知距离可以达到十几米。也就是说，当宿主还远在十几米的时候，蜱虫们就已经做好要和宿主"亲密接触"的准备了，一旦被蜱虫盯上，势必"难逃魔爪"（图5）。

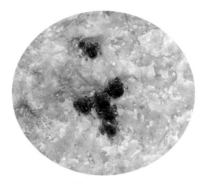

图5　蛰伏在石头上等待宿主经过的蜱虫（邱鹭摄）

四、蜱虫的危害

蜱虫找到宿主之后，会寄生在宿主皮肤上，若隐藏在动物的皮毛下则很难被发现。蜱虫吸血时，将带有倒刺的假头埋入宿主皮肤，这会导致宿主皮肤局部水肿或感染性炎症。某些蜱虫还会分泌含有神经毒素的唾液，这种毒素可能造成运动神经传导障碍，即蜱瘫痪症。

图6　蜱叮咬状态

此外，蜱虫还可能携带多种病毒、细菌和原虫等。虽然大部分情况下，被蜱虫叮咬除了疼痛瘙痒，不会有特别严重的后果，但是若不幸中招，就可能感染莱姆病、出血热、斑疹热、Q热、森林脑炎、回归热和泰勒虫病等多种病毒性、细菌性和原虫性疾病。蜱虫就是疾病界的"潘多拉魔盒"，随时可能将各类疾病散布到世上。

除了被蜱虫叮咬，也有其他途径感染蜱虫传染疾病。比如蜱虫排出的粪便或者基节液中可能含有病原体，这些病原体通过皮肤上的黏膜小伤口侵入身体导致感染，或者带毒的蜱虫被碾碎或压破，其体液中含有的病原体就可通过皮肤黏膜破损进入身体导致感染。

五、人感染蜱虫传染疾病会怎么样？

多数情况下，被蜱虫叮咬，不会有特别严重的情况，但一旦接触带毒蜱虫，就比较棘手了。

例如莱姆病，是蜱虫在北半球散布最广的疾病。虽然莱姆病主要在欧美流行，但我国近30个省份和地区都有过病例发生。感染莱姆病初期皮肤会出现游走性红斑，还会出现发热、头晕、恶心、呕吐、关节疼痛、淋巴结肿大和全身肌肉酸痛等不适，随着病情发展还可能会出现昏迷、面瘫、心脏病变等症状，或出现关节积液影响正常行走。即使经过妥善治疗，也有10%～20%的人仍会在接下来的6个月内有关节痛、记忆障碍以及精神不振等症状。

若被携带新型布尼亚病毒的蜱虫叮咬，则被叮咬的人可能会出现38～40℃高热、呕吐、腹泻伴随头痛等类似感冒发烧的症状，容易被当作感冒而耽误治疗。

有的人被蜱虫叮咬还会出现皮肤淤血、牙龈出血、脑出血和肺部出血等出血现象，更有少数会因休克、呼吸衰竭和器官衰竭而导致死亡。

当然以上只是部分带毒蜱虫感染人的情况，也不必谈"蜱"色变，若被蜱虫叮咬，只要处理得当，风险便会大大减少。

六、如何避免被蜱虫叮咬？

所幸蜱虫一般都生活在野外或寄生于动物身上，人直接接触蜱虫的机会较小，直接接触自然环境中蜱虫的渠道一般只有野外作业、自然风光景区旅行或露营等。此外，人还可能通过间接接触蜱虫，比如家养宠物或者流浪猫狗就极有可能携带蜱虫。

在有直接接触风险时，务必穿长衣长裤，内穿长袜，裤腿扎进袜子里。若经过深草丛，则穿长度至膝盖的防虫鞋套，鞋套最好是白色（图7），方便观察是否有蜱虫附着，并及时去除。离开野外环境时立即检查全身上下是否有残留蜱虫，着重检查头发、眼部、耳后、腿部、腋窝等部位。

图7　穿白色防虫袜方便检查是否有蜱虫附着

平时出门不接触流浪猫狗，不去街边绿化带附近，家养宠物定期驱虫，则可最大限度避免接触蜱虫。

而农村接触蜱虫的概率大大高于城市。村民日常劳动应尽量着长衣长裤，进家门之前检查全身。家养牲畜定期驱虫，圈舍定期消毒，有条件的情况下，牲畜棚舍和人住房屋尽量分离，减少蜱虫接触风险。

若家中出现蜱虫，要谨防蜱虫潜藏在家里的各个角落，必要时可采用化学药物控制。选择低毒无污染、对人畜无害的杀虫剂，全面处理房屋内部、院落、宠物活动区域、牲畜活动区域以及家中各处裂缝和角落。可选用氯菊酯等拟除虫菊酯类药物，既可杀灭蜱虫，也可以顺带灭杀蟑螂、臭虫、蚊子等有害昆虫。

七、蜱虫叮咬的紧急处理

若是不小心被蜱虫叮咬了怎么办？

首先保持镇定，不要在慌乱之中立即用手扯，这时候只可用镊子或尖头夹这一类工具，尽量靠近皮肤，夹住蜱虫最接近皮肤的部分，垂直向上，拔出蜱虫。无论是动物还是人被蜱虫叮咬，都可以采取以上方法去除蜱虫身体，切不可轻信网络上流传的方法（用酒精或者烟头刺激蜱虫），已经有研究表明，这样可能会让蜱虫分泌更多携带病原体的液体，或者导致假头直接断在皮肤里。

清除蜱虫身体之后，立即用酒精或者肥皂水消毒伤口，并挤出残留体液，然后带上拔出的蜱虫，立即就医，方便医生鉴定检查。

本章节中部分照片由绵阳师范学院邱鹭博士拍摄，谨此志谢！

小小蜱虫威力猛，细菌病毒和原虫。
处处防范莫大意，灭杀检查不放松！

（赵琼瑶　李玲玲）

第六章　家庭螨虫防治

一、螨虫是什么动物？

　　螨虫（图1）是一种体型很小的节肢动物，身体通常为0.5mm左右，小的只有0.1mm，肉眼很难看见。螨虫种类非常多，已发现的螨虫有3万多种。螨虫可以说是无处不在，有的螨虫寄生在人或牲畜的身上，吸取血液，是人畜病的重要传播媒介。有的植食性螨类，比如叶螨（也叫红蜘蛛），主要危害农作物、树木等。有的捕食性螨类是农业害螨的天敌，例如胡瓜钝绥螨，是农林害虫生物防治上极具价值的生物资源之一。还有的腐食性螨类，可分解土壤有机物，在自然界物质循环中发挥重要作用。

图1 居室内螨虫

我们平常说的螨虫主要是指生活在居室内的螨虫，这类螨虫常见的有40余种，与人体健康关系密切的有10多种。这些螨虫常常生活在房间的阴暗角落，并潜藏于被褥以及枕芯、地毯、沙发、毛绒玩具、坐垫、床铺等处。常见的有尘螨、蠕形螨、粉螨、疥螨等。

二、螨虫种类和危害

居室的螨虫中，以尘螨的分布范围最广、影响力最大。尘螨是一种重要的吸入性过敏原，一般出现在卧具等处，常以人的汗液、分泌物、掉落的皮屑等为食。螨虫的尸体、分泌物和排泄物等都是过敏原。由尘螨导致的人体疾病大致可以分成两类：一类是皮肤螨病，主要包括特应性皮炎（AD）、慢性荨麻疹、痤疮、酒糟鼻、疥疮和螨脓肿等；另一类是人体内螨病，主要包括过敏性鼻炎、过敏性哮喘、尿螨病、肺螨病、肠螨病和其他系统螨病。由尘螨导致的过敏反应发生率日渐上升，日益引起人们的关注。尘螨的过敏反应在不同年龄段都可发生。家中若有常年性过敏性鼻炎、哮喘或特应性皮炎患者，那就必须采取强有力的除螨措施，以便远离过敏反应。

不同螨类的形态见图2。

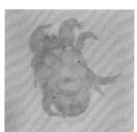

图2　不同螨类的形态

粉螨大多生活在温暖、潮湿的储存杂粮和食品中，如面粉、杂粮、糖类、淀粉及含有糖类的中药，是一类仓储害虫，其主要危害是损害储藏物。由于粉螨的代谢物质是过敏原，虽然强度低于尘螨，但与尘螨具有交叉过敏原性，所以也可导致人患上粉螨过敏性哮喘疾病、粉螨性皮炎、皮疹等。

蠕形螨是一类条件致病性寄生螨，主要寄生在人的毛囊腺、皮脂腺和眼睑板腺中，如鼻子、头皮、前胸、后背、耳朵、耳道等地方，当人体免疫力下降或合并其他细菌感染时，可引起痤疮、酒糟鼻、皮肤炎症、毛囊周围斑疹或丘疹、脱发等临床症状。蠕形螨好发于面部，尤以油性、混合型偏干性或中性皮肤多见。蠕形螨感染十分普遍，国内人群感染率较高，此病会影响患者的面容和身心健康，应给予重视，早期预防，进行有效治疗。

疥螨是一种永久性寄生螨类，主要寄生于人和哺乳动物的皮肤表层，常见于皮肤柔软处，如指头间、胳肢窝、腹股沟等。疥螨在皮肤表层会挖掘隧道寄生于表皮角质层深处，以角质层和淋巴液为食，这一过程会引起一种有剧烈瘙痒感的顽固性皮肤病，即疥疮。在引起皮肤损害的初期，皮肤可见针头大小的微红色小疱疹，如果患者瘙痒搔破，便可造成血痂和继发性感染，形成脓疱、毛囊炎或疖病，严重时可能出现局部的淋巴结炎，甚至产生蛋白尿或急性肾炎。现代的家庭中，越来越多的家庭饲养宠物，极易造成疥螨通过衣裤、被褥等直接传播给人，甚至造成人与人之间的交叉传播（图3）。

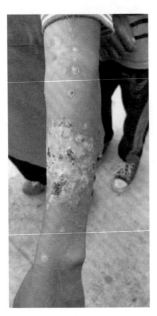

图3　疥螨感染皮肤症状

革螨主要生活于枯枝烂叶、杂草丛、泥土、粪便中，有一些则寄生于鼠类、鸟类、家禽的体表和巢穴中，并随着宿主的活动和飞行而扩散，这些动物都和人类密切相关。革螨叮咬人并吸血可引起螨性皮炎，还可传播病毒、立克次体、螺旋体、细菌等病原体。

恙螨的幼虫寄生于鸟类、爬行类、两栖类及无脊椎动物身上，以寄生在鼠类最为常见，有些种类也可侵害人体。恙螨幼虫若寄生在人体可引起恙螨性皮炎，若人体被感染了立克次体的恙螨叮咬，可患恙虫病，恙虫病在临床诊断上以发热、焦痂或溃疡、淋巴结肿大及皮疹为特征。恙螨是恙虫病的唯一传播媒介，控制媒介恙螨是预防恙虫病的重要手段。因此，在野外活动时，特别是恙虫病流行区，应该扎紧衣襟、袖口、裤管口；不要坐卧于草地上；在外出活动过后要及时更换衣服、洗澡或擦澡，并重点擦洗腋下、腰部、会阴等肌肤柔嫩部位，从而降低被恙螨叮咬的概率。

寄生在鼠耳的恙螨见图4。

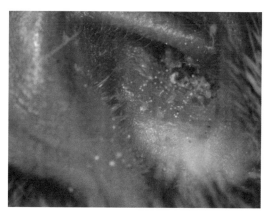

图4　寄生在鼠耳的恙螨

三、家庭中怎样清除螨虫？

家庭中如果需要除螨，有以下方法供参考：

1. 螨虫喜湿怕光，最有效简便的除螨方法就是尽可能让环境采光、通风干燥。通风可改善房间的潮湿程度，防止霉菌滋生和消除室内空气中的粉尘，这对于预防及治理螨虫有着非常重要的意义。螨虫要生存，需要从周围获取足够的水分，把空气中的相对湿度降到50%以下，是控制螨虫最常用的方法。实验表明，在相对湿度低于50%、温度为25～34℃时，成年螨虫仅能存活5～11天，会因脱水而死亡。特别是厨房、浴室等湿度大的地方更要保持干燥通风。一般家庭可采用高性能除湿机或空调除湿功能来降低室内的相对湿度，这个方法既实用又有效。

2. 勤洗衣物，勤换床单，勤晒被褥棉絮。清洗衣物时，用高于55℃的热水进行浸泡除螨，也可使用烘干杀螨。被褥棉絮要定期暴晒，由于中午时间段的阳光中紫外线最强，可在这段时间将被褥、棉絮放在日光下晾晒，也可用塑料袋或收纳箱将被褥、棉絮装好密封后，在阳光下放置1～2小时，在50℃以上高温条件下，螨虫就会很快被杀死。枕芯要定期洗晒和更换，不用的鞋、帽、棉絮等要及时处理，不要长时间存放此类易孳生尘螨的物品。家中毛绒玩具等小物件也要注意清洗。

3. 搞好环境卫生，经常打扫积灰处，尤其是一些卫生死角。打扫时最好采取湿式的清扫办法，可以减少室内的灰尘扬起。定期清理卧室的角落、床和桌椅下面、抽屉、书架、衣橱深处等的积尘。定期清洗空气净化器、除湿机、空调等的过滤网，过滤网中最易积尘。窗帘要经常清洗或除尘，潮湿地区可用百叶窗代替窗帘。不要在室内拍打被褥、地毯、沙发等能扬尘的物品。拆洗被子、整理棉絮时，要戴口罩，以避免吸入含尘螨的粉尘。螨虫在有地毯的房间密度最高，这和地毯吸湿性强、地毯内部不易及时彻底除尘有关。所以家中地毯两面都要清扫，最好每周使用除尘率高的真空吸尘器除尘。如果家中有对螨虫过敏的人，建议不要使用地毯。

4. 注意个人卫生，要勤换内衣内裤、常洗澡。有些螨虫以人的分泌物、皮屑为食，要尽可能清除房间内人体皮屑等来自人体的污染物，不让螨虫有东西吃。洗漱用品分开使用，避免相互感染，这对防治直接寄生的疥螨和蠕形螨尤为重要。

5. 家庭中的宠物猫、狗、鸟等也要注意健康卫生，定期洗澡，避免将宠物带到一些阴暗潮湿等螨虫孳生地玩耍。户外遛狗后最好仔细检查狗的耳后、脖子、腹股沟等地方有无螨虫或其他寄生虫。宠物有皮肤问题要及时检查治疗，如果确诊患有螨虫病要进行隔离治疗，避免人宠共患螨虫病。

6. 家中如果有人螨虫过敏，想有效隔离螨虫，也可用特殊的防螨布料包套床垫、枕头等家纺用品。这类特殊材料织物结构比较紧密，能阻止螨虫通过，可以防止螨虫在其内部孳生。

7. 家中平时存放食物不宜过多，时间也不要过长，要密封储藏，饼干、奶粉、白糖等含糖量高的食物是螨虫的最爱，要定期检查食品的保质期，过期变质的食品及时处置以免粉螨等螨虫孳生。

8. 对一些小物件，比如毛绒玩具等，也可放在冰箱内48小时以冷冻杀螨。

9. 一些化学杀虫剂确实能够杀死螨虫，但室内使用化学药品的关键问题是安全性，同时药物一定要抵达有螨虫的地方才真的有效，因此是否使用化学杀虫剂一定咨询专业人士。化学杀虫剂的气味存在刺激性，一些也具有毒性，长时间使用对身体影响较大，特别是小孩、老年人和免疫力较差的人群。建议在日常生活中，养成良好的生活习惯，重视个人卫生健康，尽可能地用物理方法除螨。

参考文献

［1］贾家祥.螨的危害及其防治［J］.中华卫生杀虫药械，2005，11（3）：145–147.

［2］任东升.将螨虫"扫地出门"难不难［J］.大众健

康，2021（8）：98-99.

［3］孙劲旅.户尘螨过敏原实验研究［D］.北京：中国医学科学院，2002.

［4］ARLIAN LG，PLATTS-MILLS TA.The biology of dust mites and the remediation of mite allergens in allergic disease［J］.J Allergy Clin Immunol，2001，107（3 Suppl）：S406-S413.

［5］马小涵.室内螨虫对人类的危害及防治［J］.现代养生，2017（5）：292.

［6］段永池，田晔，王子文，等.人体蠕形螨相关疾病的研究［J］.中国医学创新，2015，12（24）：153-156.

［7］赵可，巴点点，杨菁，等.洛阳市大学生面部蠕形螨感染及影响因素研究［J］.河南医学研究，2012，21（4）：468-470.

［8］程鹏，赵玉强.媒介恙螨与恙虫病传播关系的研究［J］.中国现代医生，2007，45（1）：61-62.

［9］苏静静，王莹，周娟，等.近年来我国恙虫病流行病学研究进展［J］.中华卫生杀虫药械，2012，18（2）：160-163.

［10］孙劲旅，陈军，张宏誉，等.尘螨控制方法研究进展［J］.国外医学（呼吸系统分册），2004，24（1）：47-50.

［11］韩玉信，赵玉强.不同居住和工作环境内螨类孳生情况调查［J］.中国热带医学，2006，6（4）：745.

［12］崔玉宝.尘螨的生物学、生态学与流行概况［J］.国外医学（寄生虫病分册），2004，31（6）：277-281.

（李玲玲　胡雅劼）

第七章　走进病媒生物——跳蚤

病媒生物是指能够携带和传播细菌、病毒等病原体的有害生物。跳蚤作为其中一种有害生物，现在在我们平常的生活中已经不常见了，有的人可能从来就没遇到过。虽然跳蚤看似离你遥远，但是当你接触宠物、流浪猫狗，或者有老鼠入侵你的家时，说不定就会迎来这位"不速之客"。

一、什么是跳蚤？

跳蚤，俗称蛇蚤，是一种体型小而竖扁的吸血性昆虫，通常寄生在人、猫、狗、老鼠等哺乳动物或鸟类的体表，成虫以吸血为生。

二、跳蚤长什么样？

跳蚤卵多为椭圆形，0.4～2.0mm，类似于蚕卵，白色、淡黄色或浅黑色。卵壳薄而透明，表面通常光滑，刚产出时表面常附有少量胶质，能短暂附着在动物的皮毛上，或夹杂在掉落地面的尘土碎屑中，不易被发现。

幼虫为蛆形，黄白色，3龄幼虫体长4～6mm。跳蚤幼虫通常藏匿于卵壳周围的尘土碎屑中，取食有机碎屑或跳蚤排出的血便。

跳蚤的蛹与蚕类似，通常位于茧中。成熟的3龄幼虫会先吐出一层薄丝，并粘着附近的尘土碎屑来结茧，而后化蛹等待羽化。

成虫（图1）体小而竖扁，体壁硬而光滑。跳蚤无翅，不能飞行，但有发达的胸足，能爬善跳，可以在动物毛发间自如爬行。

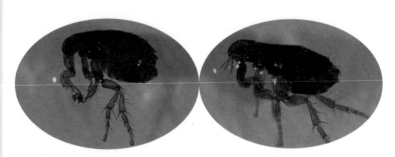

雌蚤成虫　　　　　　　　　雄蚤成虫

图1　跳蚤成虫

三、跳蚤有什么主要的特点？

（一）体表寄生虫界的"跳高冠军"

虽然不像很多其他吸血昆虫一样有很大的活动范围，但是跳蚤发达的感觉器官和胸足足以让它迅速地跳至靠近的宿主身上。人蚤，作为与人类关系最为密切的一种蚤类，其跳跃能力更是蚤界最强，跳跃的垂直高度可达19.5cm，水平距离可达33cm，水平距离是其身长的一百多倍。

（二）最令人讨厌的"吸血鬼"

部分种类的跳蚤为广宿主型，比如上面提到的人蚤，它们会叮咬多种动物，包括人。跳蚤在无血可吸的时候甚至能在茧内以蛹的形式静伏等待宿主，在受到外界刺激后羽化为成虫，叮咬吸血。有的跳蚤对人的叮咬非常凶猛，在短时间内能够连续叮咬吸血数十次（图2）。

叮咬后1天　　　　叮咬后3天　　　　叮咬后6天　　　　叮咬后14天

图2　叮咬后皮疹

（三）传播疾病的"幕后推手"

除了吸血骚扰，跳蚤最可怕的地方就在于它是多种细菌、病毒、寄生虫等病原体的传播媒介。如鼠疫、地方性斑疹伤寒、野兔热、绦虫病等人兽共患病，都可以由跳蚤吸食带病动物后传播给人类。

四、跳蚤有哪些危害？

（一）直接危害

1.刺叮侵扰。跳蚤在皮肤上爬动或叮咬都会使得人或动物不得安宁甚至失眠。被连续叮咬后，稍有过敏者的皮肤会出现连续多个丘疹，感到异常瘙痒，这样的痛苦可能会持续一周多的时间，给人造成极大的精神困扰。在抓挠后甚至还会出现过敏性皮炎，水疱破溃后引起继发性感染。

2.皮下寄生。潜蚤雌虫可在宿主皮下永久寄生。南美洲和非洲存在寄生于人体皮下的潜蚤种类。

3.动物的贫血和非正常脱毛。疏于照顾的家畜、宠物或者野生（遗弃）动物被大量跳蚤寄生后，会发生贫血，身体消瘦，甚至死亡。宠物频繁抓挠、舔舐，也会造成抓伤和非正常脱毛，甚至继发性感染。

（二）间接危害

1.鼠疫：又称黑死病，是由鼠疫杆菌引起的烈性传染病。传染源主要是染疫动物、肺鼠疫患者等，人类鼠疫的首发病例多由跳蚤叮咬引起。除此之外，人类直接接触患病动物时也可感染此病。鼠疫的临床表现主要为高热、淋巴结肿痛、出血倾向、肺部炎症等。

历史上，有过三次世界性的鼠疫大流行，每次的死亡人数都以千万计，死亡总人数接近1.7亿人。19世纪末到新中国成立期间，我国也发生过大大小小的鼠疫流行，造成百万人发病和死亡。新中国成立后，鼠疫得到有效控制，但近年来仍不时有散发病例发生。

另外，鼠疫杆菌是细菌战常用的生物武器，通常会通过投放染菌动物来毒害人畜，造成人工瘟疫。

2.地方性斑疹伤寒：又称鼠源性斑疹伤寒、蚤传斑疹伤寒，顾名思义，其传染源主要是患病的啮齿动物，病原体为莫氏立克次体，而跳蚤就是传播这个病原体的主要媒介。症状以发热、头痛、皮疹为主。

莫氏立克次体能够在跳蚤体内增殖，甚至经跳蚤卵传给下一代。病原体一般不会进入人的体腔或唾液腺，所以跳蚤叮咬并不会直接造成感染。但病原体能够随血、便一起排出，能够在蚤粪中存活很长时间。污染的蚤粪通过破损皮肤、黏膜进入机体，或者形成气溶胶被吸入是其主要的传播途径。

3.野兔热：又叫土拉菌病，是由土拉弗朗西斯菌引起的人兽共患病，病原体主要感染鼠、兔，也可通过吸血蜱虫叮咬，或者经破损皮肤、黏膜感染人或宠物。病原体在我国新疆、西藏、青海、内蒙古和黑龙江都有分布。

野兔热大多起病急，寒战后高烧，并伴剧烈肌肉疼痛。临床上多见溃疡腺型，通常因接触病兔或被蜱虫叮咬，而引起手或下肢皮肤破损处的溃疡和相应处的剧痛性淋巴结肿大。

土拉弗朗西斯菌在跳蚤体内并不能增殖，且存活时间一般较短，但仍有机会通过食入带菌蚤污染的食物造成偶然感染。

4.绦虫病：犬双殖孔绦虫、缩小膜壳绦虫、微小膜壳绦虫通常会造成犬、猫、啮齿类动物的感染。当跳蚤的幼虫吞食了环境中的绦虫卵时，可随跳蚤羽化后侵袭宠物吸血，宠物可能会在舔毛时吞入跳蚤。这时，绦虫在跳蚤体内发育成的似囊尾蚴也一同被吞入，并在宠物小肠内寄生并发育成成虫。患绦虫病的宠物表现出营养不良，同时肠道也由于寄生虫的损伤而出现炎症，虫体分泌的毒素也会影响宠物的身体状况，甚至引起中毒。这些绦虫偶尔也会感染人，尤其是经常接触犬、猫的儿童，他们通常不像大人们那样注意手口卫生，且与动物互动亲密。

五、跳蚤是如何找到你的？

跳蚤身上的触角等感觉器官对光、温度、二氧化碳、气味、物理振动等刺激反应非常灵敏，可以感知周围环境的细微变化。一旦附近出现吸引它的特定动物或人，它便可以迅速定位寄生对象，再通过强悍的弹跳力跳到寄主身上吸食血液。

六、如何防止被跳蚤叮咬？

尽量避免与猫、狗、老鼠等动物接触，尤其是流浪猫狗。如果接触，最好身着浅色长袖长裤，以便及时发现跳蚤。同时应扎紧裤脚、袖口，避免跳蚤上身。除此之外，还可以涂抹驱避剂。含避蚊胺、驱蚊酯等有效成分的防蚊驱蚊产品，对预防跳蚤叮咬也有效果。

可以给宠物佩戴灭蚤项圈。项圈通常含有杀虫剂，对跳蚤也有驱避的作用。幼龄宠物对杀虫剂敏感，应谨慎佩戴或减少佩戴频次。

七、家里有跳蚤该怎么办？

1.首先要查找源头，有效切断入侵通道。这样既可以帮助我们快速将家里的跳蚤消灭，也能避免往后再受跳蚤骚扰。一般家里出现跳蚤有以下几种原因：

（1）家人意外带回。在户外接触野生动物、流浪动物或在草地草丛逗留等都有可能带上跳蚤。如果被咬，应尽快换洗身上衣物，最好使用高温煮洗、晾晒或药物灭杀等方式处理，同时做好个人清洁。如果发现或处理不及时导致车里出现了跳蚤，一般来说可以用杀虫剂在车内全面喷杀或置于太阳下暴晒。而由于家里情况复杂，一旦跳蚤在家里繁殖孳生，要清除它们将变得非常麻烦。

（2）宠物意外带回。与人一样，宠物在户外接触野生动物、流浪动物或在草地草丛逗留都可能带上跳蚤，而且风险要高得多。养宠物的家庭应尽量避免宠物在野外草丛逗留玩耍或与流浪动物接触。有的猫狗会将鼠（尸）带回家中，这时要及时处理，加强对宠物的管理和训练。主人在带宠物回家之前或与宠物近距离接触前应仔细检查宠物体表，当心惹祸上身。

（3）外来动物携带跳蚤。流浪动物、野生动物自行进入家里或者家人好心将流浪动物带回都极有可能遭遇跳蚤的入侵。这些动物一旦染蚤，往往跳蚤数量惊人，危害家庭成员。

（4）老鼠携带。老鼠进入家中活动，寄生在其身上的跳蚤会因为多种原因游离开来，并在家里"为非作歹"。如黄胸鼠喜攀爬，在房屋上层活动，游离出来的跳蚤甚至会从你的家里吊顶处"空降"而来。

2.查找到原因，防止新的跳蚤进入家里，我们就可以开始关起门来安心对付这些不请自来的"客人"了。

（1）叮咬后的部位。尽早涂抹碱性肥皂水能够缓解跳蚤叮咬导致的过敏反应，减轻症状。如果叮咬次数较多，过敏严重，瘙痒无法忍受，或者没有正确地用止痒、抗过敏的药物，应及时寻求皮肤科医生的帮助。

（2）环境大整治。如果跳蚤入侵已经有一段时间了，那么可以相信你的家里不仅有跳蚤成虫，各个角落里也可能已经隐藏了跳蚤的卵、幼虫和蛹。那就更不要放过任何一个可能的地方了，需要给家里来一次全面的大扫除。之后的一个月左右仍然需要保持家中清洁干燥，避免跳蚤"死灰复燃"。

对于床铺、衣物、地毯等织物，应视情况用洗、蒸、煮、烧、晾晒等多种方式处理，力求彻底消灭跳蚤。

地面、地毯、房间边角用吸尘器清理，效果事半功倍，可以将混在尘土碎屑里的跳蚤及卵、幼虫、蛹全部清理。但要小心地将其冲入下水道或将垃圾袋扎紧，防止跳蚤再次逃逸。

在墙角处布放粘鼠板或粘捕纸，既可以抓住老鼠，还能捕捉跳蚤。在有老鼠进入的家庭，更要堵上鼠道（鼠洞），防止老鼠再次侵入。

（3）化学药物灭杀。对各个角落使用市售的气雾杀虫剂是相对比较安全快捷的杀虫方式，但施药时仍要做好个人防护，无关人员或动物最好先撤离。跳蚤较多、入侵持续时间较长的情况下，存在的跳蚤卵和蛹往往能抵御杀虫剂，杀虫剂也需要定期重复使用几次才能达到彻底灭杀的目的。

必要时可以联系专业的有害生物防治机构进行上门服务，有经验的专业人员通常能够帮你快速查明跳蚤入侵的源头，使用专业高效的设备和杀虫剂消灭跳蚤，还能提供实用的防治建议。

（4）加强宠物管理。避免流浪动物进入家中，经常观察自家宠物是否有异常行为，比如频繁地抓挠、舔舐、打滚等。定期检查宠物体表、梳理毛发，观察是否有跳蚤叮咬的痕迹。定期给宠物洗澡，换洗宠物用的织物，适当修剪宠物毛发。如果发现宠物身上有跳蚤又不知道如何处理，可以寻求宠物医师等专业人士的帮助。

八、结语

随着社会经济、文化的不断发展，人们的生活方式也不断变化，喂养宠物的家庭不断增多，人与宠物的密切接触也更加频繁。相应的，城市中被遗弃的流浪动物也在不断增多，这些都成为人们被跳蚤侵扰的重要原因。认识跳蚤，了解跳蚤基本的生物学特点，掌握基本的防治方法，可以更快更彻底地消灭它们，避免由叮咬引发的直接或间接危害。

参考文献

［1］柳支英，陆宝麟.医学昆虫学［M］.北京：科学出版社，1990.

［2］汪诚信.有害生物治理［M］.北京：化学工业出版社，2005.

［3］解宝琦，曾静凡.云南蚤类志［M］.昆明：云南科技出版社，2000.

［4］孟凤霞，刘起勇，任东升.病媒蚤类的防制现状及国内外研究进展［J］.中华卫生杀虫药械，2006，12（2）：105-107.

［5］麦海，欧汉标，张曼青，等.猫栉首蚤指名亚种一些生物学特性的实验观察［J］.中国媒介生物学及控制杂志，2006，17（3）：218-220.

［6］周光智，王治，尹广庆，等.驻济某部营区公寓楼蚤侵害调查及灭蚤效果观察［J］.中华卫生杀虫药械，2021，27（3）：216-218.

［7］李晓光，王明琼，李树臣.中国鼠疫的历史、现状与防控措施［J］.国外医学（医学地理分册），2009，30（3）：125-128.

［8］林杰.三种蚤对宿主动物的气味选择性及其光学组织结构的研究［D］.北京：中国疾病预防控制中心，2011.

［9］于心.人蚤的生态及流行病学意义［J］.地方病通报，1986，1（3）：241-246.

（黄进　余技钢）

第八章 "墨墨蚊"——蠓

　　提起蠓,我们的脑海似乎很少有关于它的概念,但中国很早就有关于它的记述。《史记》:"麋鹿在牧,蜚鸿满野。""蜚鸿"即蠛蠓。文学作品里同样有它的影子,例如《太平广记》:"峡山至蜀有蟆子,色黑能咬人。"蟆子即吸血蠓。《觚书》:"丛林乔木,不一日而兹,惟蠛蠓醯鸡歟,蠕动羣飞,其卵育亦不迁。"醯鸡即蠛蠓,古人对蠓的危害已有些许认知,但还不够全面。每每谈及,总是充满轻视和戏谑。李白曾调侃:"世人若醯鸡,安可识梅生。"新中国成立后,以胡经甫、虞以新等为代表的昆虫学家对我国的蠓类开展了大量研究,人们对蠓的认知也逐渐变得清晰。

一、生物学和生态学特征

　　蠓属双翅目昆虫,口器为刺吸式,胸部背面呈圆形隆起,头部略微低下,翅膀短宽,翅上常有斑和微毛,足细长,在北方俗称"小咬",而在南方俗称墨蚊,是一类微小型昆虫。成虫体小,长1~4mm,身体呈黑色或褐色。它的个体虽小,但种类繁多,全世界已知有4000种左右,其中有150余种嗜吸人、畜和禽类血液,我国已知的蠓有近320余种(图1)。

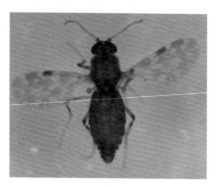

图1 蠓的成虫

蠓是完全变态昆虫,一生需经历卵、幼虫、蛹和成虫四个时期,常孳生于水塘、沼泽、树洞、石穴的积水处及荫蔽的潮湿土壤中,寿命通常约1个月,以幼虫或卵越冬。蠓的生活史分为水生和陆生两个明显不同的时期:蠓的卵、幼虫和蛹分别在水中孵化、生长及羽化,而成虫在陆地上生活。

蠓成虫头部近似球形,复眼发达,呈肾形。雄蠓两眼邻近,雌蠓两眼距离较远。雌蠓产卵的行为、方式、场所以及数量等根据蠓的种类不同而存在一定的差异,但它们都只有在水中才能孵化。蠓在1年中发生的代数,也会因其种类、气候和环境的差异而不同,有的种类可以繁殖1~2代,也有的可以繁殖3~4代。由于卵在干燥的环境中极易干瘪而不能孵化,雌蠓常将卵产在湿润的场所,一般在水流湍急、干燥和日光曝晒的地方鲜见蠓孳生。卵刚产出时为灰白色,后逐渐变为深色,在适宜的温度条件下,大概经过5天便孵化为幼虫。幼虫常生活在水中泥土的表面，以菌类、藻类及一些原生动物为食。幼虫在水中的运动很特殊，像蛇形般活动。当其在水面受到惊动后，会迅速沉入水底，钻入泥中，本能地躲藏起来，避免受到外界的干扰或侵害。

二、常见种类和分布

蠓的种类繁多，形态和习性也不完全相同，具有医学意义的常见蠓主要是库蠓、细蠓和蠛蠓三大类。

库蠓种类繁多，在我国南北方各有不同的优势种群。库蠓兼吸人和动物的血液，能传播疾病，危害人体健康，是蠓科昆虫中最大的类群。不同种类的蠓孳生的环境不同，比如库蠓成虫（图2）主要集中于畜、禽类圈舍周围的草丛、灌木丛，而幼虫则主要集中于各类水体或水边泥土。通常在日落前后较昏暗时群舞交配，雌虫大都在夜间刺叮吸血。

图2　库蠓成虫

细蠓的两性成虫（图3）在白天群舞交配，幼虫常孳生于较潮湿、松软的沙土地带，多见于江河两岸、荒漠高原地区等。

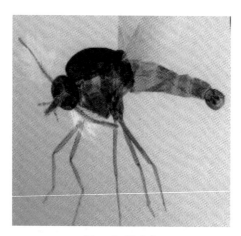

图3　细蠓成虫

　　蠓蠓的两性成虫（图4）在日出4小时后开始群舞交配，雌性成虫白天气温较高时活动吸血，幼虫则孳生于潮湿、疏松的土壤，多见于南方绿化带灌木丛、水网稻田等。

图4　蠓蠓成虫

三、生活习性

蠓幼虫生长发育的场所称为孳生地，雌虫选择的孳生地一般是有机物质比较丰富的荫凉、潮湿的场所。蠓成虫平时多栖息于草坪、灌木丛、杂草、洞穴等避风和避光处，在温度、光线适宜，无风的晴天，草坪、灌木丛、溪边等场所常有群舞交配现象发生。蠓种类繁多，嗜食性广泛，各种蠓的食性有差别，不同的种类有不同的倾向性，有的种类喜好吸食人血，有的种类喜好吸食禽类或畜类血。雌蠓吸血（图5），而雄蠓只吸食植物汁液。雌蠓只有吸足血后，卵巢才能充分发育。交配时，雄蠓成群飞舞，雌蠓加入婚舞求偶结对，完成交配后飞离蠓群。

图5　雌蠓吸血前（左）与吸血后（右）

蠓的飞翔能力很弱，大多数飞翔距离不超过0.5km，一般在半径为100~300m的范围飞行。雌蠓受精吸血后3天左右受精卵发育成熟，便可产卵。雌蠓产卵时有的成堆产在一处，也有边爬边产的现象。通常雌蠓一生可以产卵2~3次，一次产卵量

50～150粒。

根据成虫群舞和刺叮活动的时间，蠓可以分为白昼和昏—晨活动两种类型。库蠓多数在昏—晨活动，在日出和日落有2个吸血高峰期，库蠓对禽舍、畜舍有明显的趋向性，常活动于禽舍、畜舍周围20～30m范围。细蠓和蠛蠓在白天进行刺叮吸血活动，每次刺叮吸血可持续3～5分钟。

蠓通常一年可繁殖2～4代，根据种类与地区不同而存在差异。雄蠓交配后1～2天便会死亡，雌蠓的寿命约1个月，一般以幼虫或卵越冬。热带地区全年成虫都可以出现，温带、寒带地区则表现出明显的季节性，一般7月左右是其活动高峰期。

四、危害

个头小、危害大是蠓危害人类的一大特点。虽然蠓体小且不善飞行，但吸血凶猛，由于其孳生数量大，常成群叮咬，刺叮吸血直至吸饱后便悄然离去。

1.直接危害：由于蠓成虫叮咬时分泌的酸性液体具有非常强的刺激性，对某些体质敏感的人来说更是奇痒难熬，被刺叮部位通常会出现红点或红斑，可能引起局部皮肤出现红、肿、痛、痒等过敏性皮炎症状，严重者还会出现丘疹性荨麻疹（图6）。因叮咬部位剧烈痛痒、抓挠而使皮肤破损，还可能会引起继发性感染。

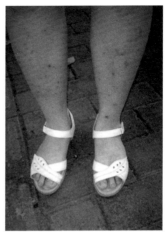

图6　蠓叮咬危害

2.间接危害：吸血蠓类可携带多种病原体，通过机械性传播和生物性传播的方式，在人和动物之间进行传播。有些病原体甚至可以通过吸血蠓类引起疾病的暴发与流行，对生产及健康产生严重的危害。这些疾病包括：寄生虫性疾病，如鸡卡氏住白细胞原虫病、盘尾丝虫病；病毒性疾病，如蓝舌病、流行性乙型脑炎、非洲马瘟；细菌性疾病，如土拉热弗朗西丝菌病等。

五、家庭防制措施

蠓的种类繁多，数量较大，孳生地广泛，必须结合实际情况采取综合性防治措施，因地制宜地实施防治，以便取得良好的效果。常见的防制方法如下。

1.环境防制：主要通过改善环境条件，以控制蠓的孳生和栖息。例如清除禽畜圈舍周围的杂草，暴露地面，让阳光直接照射。堵塞树洞，排除无用的积水或填平洼地水坑，必要时可以喷洒卫生杀虫剂，从而达到环境治理的目的。从防制原则来看，环境治理是治本，但因蠓孳生地较为复杂，要明确目标，因地制宜，灵活对待。

2.物理防制：外出加强个人防护和采用灯光诱杀。外出去野外游玩，最好穿浅色的长袖长裤，因为蠓跟蚊虫一样，深色衣物对其引诱力较强。为避免蠓叮咬，可将紫外线诱蚊灯于黄昏傍晚放置在草坪周围蠓较多的地方，开灯进行诱杀，效果较好。

3.化学防制：

（1）涂抹驱避剂。驱避剂作为昆虫嗅觉干扰剂，可以有效保护人体不被蠓骚扰叮咬。可购买市场上常见的主要有效成分为避蚊胺（DEET）的驱避产品。

（2）灭杀蠓的幼虫和成虫。对于不易清除干净的孳生地，如污水坑、沟渠、池塘及沼泽地等，可定期喷洒药剂进行蠓幼虫的杀灭，使用有机磷类杀虫剂喷洒在积水的四周水面，可杀灭水中蠓的幼虫；用超低容量喷雾器、热烟雾机或用背负式机动喷雾机，配以有机磷类乳油杀虫剂大面积灭杀成虫，对成虫有速杀作用而且残效期较长（图7）。

图7　野外化学防制

六、如果被蠓咬后皮肤奇痒应如何处理？

1.被咬后，可立即选用碱性溶液，如肥皂水等进行外涂。因为蠓跟其他多数昆虫一样，唾液呈酸性，用碱性液体外涂，进行酸碱中和，可以较大程度地减轻皮肤的局部反应。

2.处于急性期和亚急性期时，可以选用皮肤止痒剂，如炉甘石洗剂和花露水等含樟脑、薄荷脑成分的产品。

3.若皮肤受损广泛或已引起全身过敏反应则应及时就医，在医生指导下内服抗过敏药物进行治疗。

（张伟　胡雅劼）

第九章 臭虫的危害及防治

　　臭虫也称床虱、木虱、壁虱等，属于昆虫纲半翅目臭虫科，是半翅目昆虫中具有医学重要性的一个类群。臭虫得名是因体内具有1对臭腺，臭腺能分泌一种气味异常的臭液，其爬行过的地方均会留下难闻的臭气。截至目前全球范围内报道的臭虫有74种，隶属6个亚科、22个属，其中与人类关系密切、主要靠吸食人血为生的臭虫只有两种，分别为温带臭虫和热带臭虫。这两种臭虫在我国各地均有分布，后者抗寒能力较弱，大多分布于我国热带、亚热带地区。其他绝大多数臭虫寄生于鸟禽类和蝙蝠，未对人类健康构成威胁。

一、臭虫常见种类及分类鉴定

　　温带臭虫和热带臭虫基本形态极为相似，较难鉴别。一般来说，热带臭虫只分布在纬度30°以内，温带臭虫多分布在纬度30°以上（纬度30°以内亦有分布）。

这两种臭虫（图1）的主要区别在于体型、体色以及前胸部形态和腹部形态：温带臭虫体呈卵圆形，褐色或棕色，体型略小；热带臭虫体呈长椭圆形，深褐色，体型较温带臭虫略大。温带臭虫的前胸背板较宽，约为中线长度的3倍，中间显著隆起，侧缘扁平，前缘凹入较深，两侧角向前突出，且向前突伸至复眼周边，腹部胖短且第四节最宽，雌虫交合口较浅，外观不明显；热带臭虫前胸背板略窄，宽为中线长度的2.5倍以下，侧缘隆起，前缘凹入较浅，两侧角离复眼较远，腹部瘦长且第3节最宽，雌虫交合口较深，外观明显。

图1　温带臭虫雄虫与热带臭虫雄虫（王德森拍摄）

二、臭虫的生物学和生态学

臭虫为不完全变态昆虫，一生经历卵、若虫、成虫3个时期（图2），整个发育周期为30～40天。其中，若虫经历5次蜕皮才发育为成虫，整个周期20～25天。若虫自卵孵出初为淡黄色，随着龄期增长颜色逐渐变深，最终变为棕色。若虫与成虫在外观上除了大小不同，外形基本上无差别，且生活习性近似。臭虫一生无论形态和性别，均以吸血为生，这点比只有雌性成虫才吸血的蚊子更加令人讨厌。臭虫食量特别大，能够在短短几分钟内吸食自身体重数倍的血液量，并且在吸血时口器会向人类皮肤内注入含有抗凝血剂和止痛成分的唾液，这既方便其吸血，又不易被及时察觉到，等感到疼痛发痒时，臭虫已经吃饱喝足逃跑了。臭虫往往叮咬人体与床面接触的部位，如脸、脖子、胳膊和腿部，臭虫叮咬症状见图3。

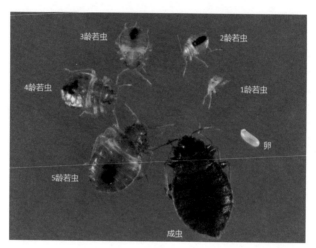

图2　温带臭虫不同的发育阶段（John Obermyer拍摄）

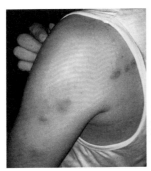
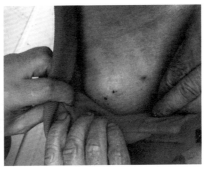

图3　臭虫叮咬症状

臭虫发育为成虫后1～2天便进行交配。臭虫之间的交配是创伤性授精（臭虫的交配行为），雄性会骑在雌性身上，用生殖器刺入雌性的腹部，将精子注入腹腔中（图4）。在接下来的几个小时，精子将散播到雌性的卵巢中。交配后，雌虫在3～4天开始吸血产卵，一个雌虫一生可产卵约300枚。成虫的寿命约为1年。另外，臭虫耐饥饿能力强，在寒冷潮湿的环境下，若虫可耐饥饿2个多月，成虫可耐饥饿约半年，甚至可达1年以上。在饥饿状态下，雌虫仍会产卵但产卵量较少。温带臭虫和热带臭虫是非常相近的物种，在实验室和野外，均发现这两个物种之间可以进行交配，偶然也会产生杂交种。

图4　交配中的温带臭虫

臭虫具有群栖习性（图5），不同世代的成虫和若虫常集居于微小的缝隙中，特别是床板、床垫和床架的缝隙，地板裂缝与连接缝，墙隙、墙纸褶缝，沙发、藤椅和柜子的角落缝隙等（图6~图7），并且可随行李、衣物和交通工具等随处扩散。家中各种角落缝隙均为臭虫

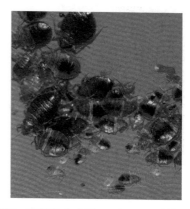

图5　温带臭虫（Changlu Wang拍摄）

的藏身之地。由于臭虫重点栖息在床的组件及其周围，刚好与其英文名称bed bug相符，故又被称为床虱。在其集居的区域周边，常有黑色或黄色粪迹，即为臭虫栖生的标志。臭虫喜阴怕光，多在夜间活动，活动高峰期一般在人类入眠后1~2小时和黎明前的一段时间。臭虫活动敏捷，爬行速度快，每分钟可爬行1~2m，在吸血时如果遇到任何动静会立马躲避并隐藏起来。

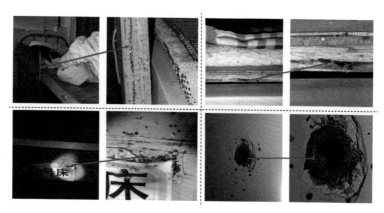

图6　臭虫藏匿地点

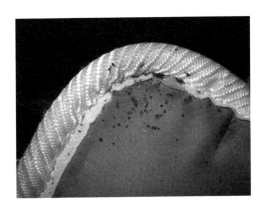

图7　床垫边缘的臭虫（王德森拍摄）

臭虫的活动、繁殖能力受温度影响大，一般在每年的夏季较活跃，且繁殖旺盛，到了冬季则基本停止活动。由于温带臭虫与热带臭虫对温度的适应性存在差异，在我国的地区分布不同。温带臭虫活动的最适宜温度为28～29℃，高于36℃即不能繁殖，但其抗寒能力强，因此在我国南北方均有分布。热带臭虫活动的最适宜温度为32～33℃，当气温达到36℃时亦可繁殖，但其抗寒能力弱，因此热带臭虫仅分布在我国长江以南的热带、亚热带地区。

三、臭虫与疾病的关系

臭虫对人类最直接的危害是吸血骚扰。研究发现，臭虫可携带多种疾病（如鼠疫、炭疽、斑疹伤寒、Q热、回归热、乙肝和艾滋病等）的病原体，但迄今无确凿的证据表明臭虫能够传播人类疾病。

虽然证据不足，但臭虫带给人类的危害依然不容小觑。若长期被大量臭虫叮咬、吸血则很可能造成贫血。接触或吸入臭虫的排泄物和分泌物则可能会导致过敏性哮喘。部分人群被臭虫叮咬后皮肤出现荨麻疹，挠破的皮肤很可能造成继发性感染。此外，有些家庭被臭虫侵害后，一直饱受臭虫叮咬带来的困扰，内心恐惧压抑，造成失眠、神经衰弱，严重的甚至产生心理性疾病。臭虫在过去某段时间几乎消失在人类的视野中，但近些年又卷土重来，这给人类带来了极大的挑战，造成了很大经济损失。

四、臭虫的防治

目前，单一的防治很难完全杀灭室内的臭虫，家庭若遭到臭虫侵扰无需惊慌，需采取综合防治措施来科学应对。

（一）环境防治

良好的家庭环境可有效地防止多种病虫害的侵扰，臭虫的防治亦如此。环境防治的主要目的是清除臭虫的孳生场所，可通过两方面的措施来达到此目的。一是外防输入，对外来行李、家具等物品进行详细检查，防止臭虫的播散。如果发现臭虫应立即采取有效措施，防止其带入。二是内防扩散，铲除室内一切可能的臭虫栖息场所。房屋墙壁、床板、地板以及家具缝隙等臭虫易藏身栖息的缝隙用水泥、固体胶等堵嵌。对臭虫栖息的墙纸进行撕毁处理。定期把柜子里的被褥、衣物拿出来晒洗。在夏季晴朗天气，将床垫、床板、柜子、抽屉等移到室外进行曝晒，彻底捣毁臭虫的栖息场所。清代著名医学家赵学敏在《本草纲目拾遗》中曾说："壁虱凡勤洁之家鲜有之，稍有不洁即生之。"这充分说明了环境防治的重要性。

（二）物理防治

物理防治是目前大力提倡的一种经济、安全、高效的防治方法。物理防治方法多种多样，最常见的方法为人工捕捉，即敲击床板、床架、草席、柜子等，将藏匿于其中的臭虫赶出来处死。对隐藏在各种缝隙中的臭虫，利用铁丝或者针将其挑出杀灭，还可以利用沸水浇烫的方法。研究表明，臭虫在41℃条件下可以存活100分钟，随着温度逐渐升高，臭虫存活的时间将逐渐缩短。当温度升高至49℃时，其存活时间不超过1分钟。当水温达到60～70℃时，臭虫的卵将会被烫死。因此利用沸水浇烫被臭虫侵袭过的床板、床架、草席和柜子等缝隙可迅速杀死各阶段的臭虫。蒸汽处理法亦是杀灭臭虫的一种有效的方法，故可以采用多数家庭常有的挂烫机对难以处理的床垫、沙发褶皱处进行蒸汽喷灌，有效杀死栖息其中的臭虫（图8）。除此之外，采用大功率的小型吸尘器也可以吸出藏身于沙发、床垫等缝隙中的臭虫（图9）。

 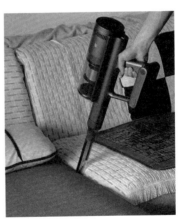

图8　挂烫机高温蒸汽处理垫子褶皱　　图9 吸尘器吸取缝隙中的臭虫

（三）化学防治

近年来，随着杀虫剂的广泛应用，臭虫的抗药性逐渐增强。尽管如此，目前杀灭臭虫最重要的手段依然是化学防治。化学防治具有快速、高效等特点，特别是在臭虫侵扰严重、密度较高时，化学防治是优先的选择。

世界卫生组织推荐的用于控制臭虫的杀虫剂有4类18种。从20世纪90年代开始，杀灭臭虫的杀虫剂种类以拟除虫菊酯类、有机磷类、氨基甲酸酯类、新烟碱类等为主。其中，拟除虫菊酯类杀虫剂是当前应用最广泛的一类药物。据国外一项调查显示，约94%的公司在臭虫防治过程中使用了杀虫剂。常用的杀虫剂是拟除虫菊酯类或拟除虫菊酯类与烟碱类混合剂。

家庭常用的化学防治法主要有三种，分别为药纸防治、滞留喷洒及超低容量或热烟雾机喷洒。

1.药纸防治。在市面上购买含有有机磷类、拟除虫菊酯类等成分的药纸，将药纸平铺在床板等臭虫易栖息的区域，铺在床板时药纸四周需超出床沿。如果墙壁、墙纸上发现臭虫，把药纸贴在臭虫经常活动的范围，尽可能让臭虫与药纸充分接触，从而提高杀灭效果。该方法操作简单，方便携带，对其他爬行类病媒生物也具有一定的杀灭与驱避作用。

2.滞留喷洒。选取市面上常用的可湿性粉剂杀虫剂，按一定的比例兑水稀释后，利用家用小型常量喷雾器对臭虫栖息场所进行喷洒，也可将粉剂撒在地板、墙壁、床板及家具缝等处，还可将药剂调成糊状或使用乳剂等涂抹在床板、柜体、墙壁的缝隙内。该方法对臭虫具有持效的杀灭作用，且简便经济，老百姓易于接受。

3.超低容量或热烟雾机喷洒。该方法具有快速、高效的特点，可在短时间内杀灭空间内绝大多数臭虫，尤其适用于臭虫密度较高的空间，但持效性较低，因此常需对同一空间进行二次喷杀。目前常用的药剂为拟除虫菊酯类杀虫剂，喷杀需在门窗关闭的状态下进行，作用一段时间后打开门窗进行通风。

在家庭遭受臭虫侵扰后，如果缺乏相应的应对方法，可寻求专业人员的帮助，如向当地疾病预防控制中心、专业有害生物防治（PCO）公司进行咨询。近年来，PCO公司发展迅猛，在病媒生物防治等领域扮演着越来越重要的角色。PCO公司拥有大量专业技术人员，各种药剂、器械比较完备，能够为家居环境的害虫（包括臭虫）的防治提供专业的服务。

在选用杀虫剂时应尽可能选择低毒、安全、低残留的卫生杀虫剂，且在使用过程中对多种药剂轮换使用，尽可能避免臭虫抗药性的产生。另外需严格遵照杀虫剂的推荐用量用药，避免因过量使用杀虫剂造成环境污染。

（刘朝发　余技钢）